航天科技图书出版基金资助出版

自适应雷达信号处理

Adaptive Radar Signal Processing

［加］西蒙·赫金（Simon Haykin） 著

罗志军 吕 科 陈春红 缪 晨 顾村锋 译

中国宇航出版社

·北京·

著作权合同登记号：图字：01－2019－7172 号

版权所有　侵权必究

图书在版编目（CIP）数据

自适应雷达信号处理 /（加）西蒙·赫金
(Simon Haykin) 著；罗志军等译 . -- 北京 ： 中国宇航
出版社，2020.4

书名原文：Adaptive Radar Signal Processing

ISBN 978 - 7 - 5159 - 1756 - 6

Ⅰ.①自… Ⅱ.①西… ②罗… Ⅲ.①自适应雷达－
雷达信号处理 Ⅳ.①TN958

中国版本图书馆 CIP 数据核字（2020）第 028242 号

责任编辑　张丹丹	**封面设计**　宇星文化			

**出　版
发　行**　**中国宇航出版社**

社　址	北京市阜成路 8 号　**邮　编**　100830	**版　次**	2020 年 4 月第 1 版
	(010)60286808　　(010)68768548		2020 年 4 月第 1 次印刷
网　址	www.caphbook.com	**规　格**	787×1092
经　销	新华书店	**开　本**	1/16
发行部	(010)60286888　　(010)68371900	**印　张**	12.75
	(010)60286887　　(010)60286804(传真)	**字　数**	310 千字　　**彩　插**　2 面
零售店	读者服务部　　　(010)68371105	**书　号**	ISBN 978 - 7 - 5159 - 1756 - 6
承　印	天津画中画印刷有限公司	**定　价**	98.00 元

本书如有印装质量问题，可与发行部联系调换

航天科技图书出版基金简介

航天科技图书出版基金是由中国航天科技集团公司于 2007 年设立的，旨在鼓励航天科技人员著书立说，不断积累和传承航天科技知识，为航天事业提供知识储备和技术支持，繁荣航天科技图书出版工作，促进航天事业又好又快地发展。基金资助项目由航天科技图书出版基金评审委员会审定，由中国宇航出版社出版。

申请出版基金资助的项目包括航天基础理论著作，航天工程技术著作，航天科技工具书，航天型号管理经验与管理思想集萃，世界航天各学科前沿技术发展译著以及有代表性的科研生产、经营管理译著，向社会公众普及航天知识、宣传航天文化的优秀读物等。出版基金每年评审 1～2 次，资助 20～30 项。

欢迎广大作者积极申请航天科技图书出版基金。可以登录中国宇航出版社网站，点击"出版基金"专栏查询详情并下载基金申请表；也可以通过电话、信函索取申报指南和基金申请表。

网址：http：//www.caphbook.com

电话：(010) 68767205，68768904

谨以本书献予亨利·布克，纪念他在无线电科学领域做出的杰出贡献。

序

20 多年来（1980—2000 年年初），作者一直致力于两项雷达信号处理研究工作：

1）多路径条件下的到达角估计问题，用于跟踪掠海导弹的低仰角雷达。

2）海杂波（例如海洋表面雷达反向散射）条件下的小目标可靠探测；此类目标可以是一艘渔船，或者是一块从冰山上脱离的小块浮冰。

由于这两类问题较适用于海用雷达研究，本书重点就此进行论述。此外，这两类问题也适用于其他一般信号处理应用。

这两类问题在理论和实际方面面临的挑战也同样重要。

除第 1 章以外，其余 5 章都以引言开头，小结结尾，最后附上该章详细参考文献[①]。每一章都相互独立，并适当地交叉引用。而且，在小结部分，不仅总结了相应章节的重要研究成果，还进行了展望，以鼓励读者进一步深入研究探讨。

---

① 除第 2 章外，参考文献按文中引用顺序列出。在第 2 章中，参考文献遵循章节材料所依据的原始文章，按字母顺序列出。

致　谢

在本书编写过程中，得到了许多师生和同事的大力支持和帮助。因此，作者向他们表示诚挚的谢意：

• 感谢 Anastasios Drosopoulos，在到达角估计问题方面所做的理论和试验工作，这是其博士论文研究内容的一部分；

• 感谢 Vytas Kezys 和 Edward Vertatschitsch，构建了 MARS 研究设施；

• 感谢 Tarun Bhattacharya，设计了基于神经网络的接收机，用于杂波条件下的弱小目标相干探测；

• 感谢 David Thomson，在多窗谱方法（MTM，即多窗口方法）方面所做的开拓工作；

• 感谢 Brian Currie，与作者共事了 25 年，是共同合作完成大量雷达课题的老伙伴；

• 感谢 Rembrandt Bakker，在海杂波动力学和贝叶斯目标探测方面做出的重大贡献；

• 感谢 Maria Greco 和 Fulvio Gini，通过解决海杂波非稳定性，扩展了对海杂波调幅/调频混合调制模型方面的研究；

• 感谢 Timothy Field，在海杂波随机微分方程（SDE）理论方面所做的开拓工作。

另外，需要特别强调的是，如果没有加拿大自然科学与工程研究理事会（NSERC）持续不断的资金支持，本书描述的所有工作都不可能完成。作者对此表示极大的谢意。

感谢 George Telecki 和 Rachel Witmer 对本书出版发行的全力支持和帮助。特别感谢 Danielle Lacourciere 在图书印刷方面所做的具体工作。

最后，感谢与我共事 20 多年的技术人员 Lola Brooks，他在本书文稿打字和准备方面做了很多工作。

西蒙·赫金

加拿大安大略省安卡斯特

2006 年 7 月

著者名单

Anastasios Drosopoulos
Prof. Electrical Engineering
Patras Institute of Technology (TEI Patras)
M. Alexandrou 1
26334 Patras，Greece

Rembrandt Bakker
Oppermoeren 12，4824KH，Breda
The Netherlands

Brian Currie
6 Rankin Bridge Rd. （RR3）
Wiarton，Ontario
N0H 2T0

Fulvio Gini
University of Pisa
Department of "Ingegneria dell'Informazione"
Via G. Caruso 14
56122 Pisa，Italy

Maria V. Sabrina Greco
Dept. of "Ingegneria dell'Informazione"
University of Pisa
Via G. Caruso
56122 Pisa，Italy

Simon Haykin
McMaster University

Adaptive Systems Laboratory，CRL – 103

1280 Main Street West

Hamilton，ON Canada L8S 4K1

Dr. David J. Thomson

Queens University

Dept. of Mathematics and Statistics

Kingston，ON K7L 3N6

目　录

第1部分　雷达频谱分析

第1章 概 述

Simon Haykin

雷达是一种有源传感器，它发射电磁波并处理雷达回波（即从周围环境物体反射的回波）。雷达应用与下面两个方面的问题有关：发射信号特性；雷达回波信号处理。其中，每一个问题都不只对应一种结构；更确切地说，什么样的雷达应用决定了什么样的结构。

在本书中，重点关注两种雷达：

1）监视雷达，用途是目标探测[①]。目标探测的要求是在无用的信号背景下可靠探测出移动目标（如飞机、渔船等）。无用信号包括杂波（即来自雷达发射信号路径上非目标物体的雷达反向散射信号）、干扰（即与雷达自身发射机工作频带相同的其他附近发射机产生的电磁信号）和无处不在的噪声（由接收机前端各种电子设备所产生）。

2）低仰角跟踪雷达，用途之一是跟踪掠海导弹。在此类应用中，海平面反射造成的多路径问题，使得导弹跟踪任务变得非常复杂。而且，在导弹几乎贴着海平面飞行时，多路径问题更为严重，雷达设计者不得不设计一种信号处理算法，以可靠区分导弹和它在海平面之下的镜像。从宽泛的意义看，多路径问题类似于目标探测的杂波问题。

无论是目标探测、分类，还是跟踪，雷达接收信号的非稳定性都使问题的解决变得非常复杂。产生非稳定性的原因包括目标运动和环境条件的变化。为此，这里采用自适应雷达信号处理方法降低复杂性，此即本书书名的由来。

1.1 雷达试验设备

第2～6章列出的大部分试验结果，都以两台高性能雷达设备在海洋环境下收集的真实雷达数据为基础。这两台雷达设备得到的真实数据可以用于海洋环境背景下测试新的雷达信号处理算法，开发新的试验技术，发现新的模型；而且，这些数据还可以与全世界的研究者共享。下面简要说明这两台雷达试验设备。

（1）MARS[②]

试验设备 MARS 主要用于收集典型水上小仰角目标的多路径数据，以进行高分辨率到达角估计算法[1,2]的评估。目标是设计一种能在多种表面粗糙度（包括镜像和漫射多路

[①] 目标分类是监视雷达的应用之一，要求可靠地把雷达监视范围内的各种目标分类。例如，在空中交通管制中，需要辨别各种目标，包括飞机、气象、迁徙的鸟群、地面等。对于此类应用，雷达杂波的类型也是感兴趣目标之一。目标分类应用可参见论文：S. HAYKIN, W. STEHWIEN, C. DENG, P. WEBER AND R. MANN（1991），"Classification of Radar Clutter in an Air Traffic Control Environment", *Proc. IEEE*, vol. 79, No. 6, pp. 742 – 772.

[②] MARS 为 "多参数自适应雷达系统（Multi – parameter Adaptive Radar System）" 的缩写。

径）下工作的高精度大型阵列（32 单元），尤其是要能够满足高精度/高分辨率估计算法的评估要求。

MARS 的工作频率为 9.81 GHz，自由空间波长约为 3.05 cm。图 1-1 为发射机的结构图，基本部件如下：

1）5 MHz 双腔自由晶体振荡器，其为 9.81 GHz 锁相回路参考输入；

2）行波管放大器（TWTA），输出功率为 10 W；

3）发射天线，由 10 dB 增益喇叭天线组成。

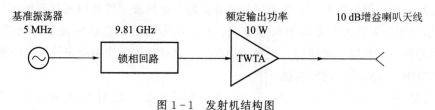

图 1-1　发射机结构图

5 MHz 晶体振荡器提供超低相位噪声，在 24 h 负载试验后，长期漂移小于 3×10^{-10}/天。

接收机包含均匀分布的 32 路接收单元，单元结构图如图 1-2 所示。接收机每路前端为 10 dB 增益喇叭天线，天线后面接 10 dB 定向耦合器。当发射机关闭时，一个测试信号（用于校准）通过耦合器注入系统中。将接收信号/测试信号混频至 45 MHz 左右，然后放大，接着进行功分、正交混频，得到 15.625 Hz 的"同相"和"正交"两路基带信号。进一步放大和低通滤波（截止频率 31.25 Hz）后，通过 125 Hz 采样率对其采样，即每周期 8 个样本。

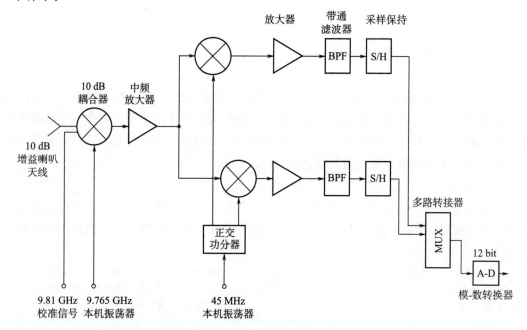

图 1-2　接收机单元结构图

低频信号全部采用数字式方法产生，并与计算机系统时钟同步。如果试验条件允许，基带频率、滤波带宽、采样率都可以通过计算机控制更改。

在数据采集之前，打开发射机，精调接收机 5 MHz 振荡器，使接收机 X 波段工作频率与发射信号差 0.1 Hz 以内。实际上，在小于 10 s 的数据采集时间内，接收机通常可以认为是"相干"系统。对于长期数据采集，需要对 5 MHz 振荡器进行连续调节。当采用测试信号代替接收信号时，系统完全相干。相干系统可以对运动水面进行超精细多普勒测量。

接收机前端的线性阵列采用垂直极化。由于某些特殊条件要求，需通过加工保证阵列结构的 32 个喇叭天线单元的间距在 (5.715±0.010) cm 之内。对于阵列结构的 2 个水平维度，也进行类似的容差处理。相邻单元（喇叭）之间的电相位误差小于 1°。不模糊视场约为 ±15.5°。在参数归一化条件下，假设天线单元间距为一个单位，那么阵列可以得到波数估计范围为 $(-\pi, \pi)$，π 对应的物理估计仰角为 15.5°。当 32 个单元阵列结构的物理孔径为 1.77 m 时，物理波束宽度约为 1°。

在研制接收机时，提前采取措施确保接收机的 32 个通道的环境响应基本一致。而且，在真实雷达数据采集前后，迅速进行系统电子校准。从初校准到数据采集，再到终校准的总时间一般小于 30 min。

低仰角跟踪试验在安大略休伦湖东侧的多克斯（Dorcas）湾口进行。如图 1-3 所示，发射机与接收机离水边 10 m 远，它们之间的距离为 4.75 km；有时候，暴风雨来临，水面上涨，发射机和接收机会位于水中。

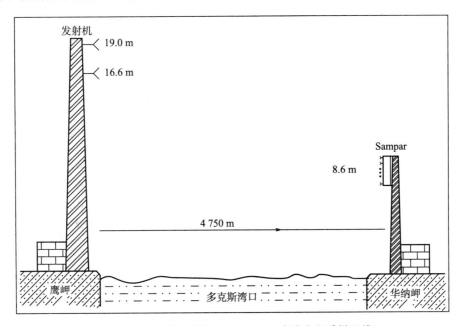

图 1-3　试验场示意图（Sampar——多路孔径采样天线）

（2）IPIX 雷达[①]

IPIX 雷达是一种用于科研的达到仪器级别的移动式、数控、相干双极化 X 波段雷达[3,4]，属于海洋环境小目标探测识别技术/算法改进研究项目的一部分。该项目的研究目标是全面认知海杂波特性和各种海洋条件下的感兴趣目标特性。为此，研制了 IPIX 雷达来采集海杂波和目标雷达反射信号数据，以通过雷达参数表征海洋环境和目标行为的特性。主要在大西洋沿岸的两个城市采集数据：纽芬兰岛的博纳维斯塔角（Cape Bonavista）和新斯科舍省达特茅斯市（Dartmouth）。雷达参数见表 1-1。

表 1-1　IPIX 雷达系统主要参数

发射机
• 行波管峰值功率为 8 kW；
• 水平或垂直极化，可在两脉冲之间切换；
• 点频(9.39 GHz)或变频(8.9～9.4 GHz)；
• 脉冲宽度：20～200 ns(20 ns 步进)或 200～5 000 ns(200 ns 步进)；
• 脉冲重复频率达 20 kHz，由占空比(2%)或极化切换频率(4 kHz)限制；
• 脉冲重复间隔可在每个脉冲基准上设置

接收机
• 完全相干接收；
• 2 个线性接收机，每路 H 接收机或 V 接收机(双极化接收通常使用一路 H 接收机和一路 V 接收机)；
• 瞬时动态范围＞50 dB；
• 硬件集成 8 位或 10 位采样；
• 4 路 A/D：2 个接收机各含 1 个 I 路和 Q 路；
• 采样率达 50 MHz；
• 全带宽数字化磁盘数据存储，CD 存档

天线
• 直径 2.4 m，呈抛物面；
• 笔形波束，波束宽度 0.9°；
• 增益 44 dB；
• 旁瓣＜-30 dB；
• 交叉极化隔离；
• 计算机控制波束方向；
• 仰角 -3°～+90°；
• 方位 360°旋转，0～10 r/min

一般
• 雷达系统配置和运作完全由计算机控制；
• 用户在 IDL 环境下操纵雷达

---

① IPIX 雷达的研制始于 1984 年。1986 年，在博纳维斯塔角进行系统样机测试。最初，IPIX 雷达为"冰多参数成像 X 波段（Ice multi-Parameter Imaging X-band）"雷达的缩写，设计目的是探测小冰山（即从冰山脱离的冰块碎片）。经过 1993—1998 年的升级后，IPIX 雷达收集的高分辨率数据可以作为智能探测算法测试的基准。相应地，IPIX 雷达的含义变更为"智能像素处理 X 波段（Intelligent PIxel processing X-band）"雷达。

1.2 内容提要

本书由两部分组成：

第 1 部分包含第 2～3 章，论述雷达频谱分析，重点说明接收信号的频谱估计。由于目的不同，两章分别采用了不同的频谱分析工具。

第 2 章论述低仰角跟踪雷达问题。采用多窗谱方法（MTM）处理多路径条件下的目标到达角（AOA）估计问题。多窗谱方法原本是时域形成的方法，而低仰角跟踪雷达问题属于空间类问题，因此，需要将其表述为波数谱域估计方法。更为重要的是，多窗谱方法通过综合的方式极其简练地解决了低仰角跟踪雷达环境下的镜像和漫反射多路径问题。

第 3 章也采用了多窗谱方法，但是有所扩展，特别是功率谱估计，将其看成与时间及频率都相关的函数。而且，所关心的是海洋环境下产生的雷达反射信号特性，目的是区分目标反射信号和海杂波（如海面反向散射的雷达信号）。

第 2 章和第 3 章不仅详细说明了用于频谱分析的算法，还列出了基于 MARS 和 IPIX 所收集的真实数据的试验结果。

第 2 部分包括第 4～6 章，论述了海洋环境下的雷达反射信号动态模型。

第 4 章论述的重点是海杂波基本动力学建模，采用了三种方法：

1）混沌理论，由于描述海杂波的机理有可能是混沌的，这里把混沌理论应用于海杂波数据，以检验理论的适用性。

2）复合振幅-频率调制，基于文献描述的海杂波基本物理特性而被采用。

3）自回归模型，按照合适的统计估计理论进行参数化。

第 5 章对第 4 章描述的调制理论进行扩展，从而通过解决非稳定性问题进一步完善海杂波动力学统计特征描述的物理基础。

第 6 章通过公式化海杂波条件下一个目标（海面移动）的贝叶斯目标跟踪探测体制，完成对海洋环境雷达反射信号动力学的论述。与基于硬决策的经典探测理论不同，利用软决策可以保存雷达反射信号的信息内容。

与第 1 部分相同，第 2 部分所有章节描述的自适应信号处理理论也有试验数据支撑。这些真实数据是利用 IPIX 雷达在各种环境条件下收集得到的。

参 考 文 献

［1］ E. J. VERTATSCHITSCH（1987）. *Linear Array for Direction of Arrival Estimation* . Ph. D. Thesis，McMaster University，Hamilton，Ontario.

［2］ A. DROSOPOULOS（1992）. *Investigation of Diffuse Multipath at Low Grazing Angles* . Ph. D. Thesis，McMaster University，Hamilton，Ontario.

［3］ S. HAYKIN，C. KRASNOR，T. J. NOHARA，B. W. CURRIE，AND D. HAMBURGER（1991）. A coherent dual - polarized radar for studying the ocean environment. *IEEE Trans. Geoscience and Remote Sensing* ，29 (1)，189 - 191.

［4］ S. HAYKIN，B. W. CURRIE，AND V. KEZYS（1994）. Surface - based Radar: Coherent. In: *Remote Sensing of Sea Ice and Icebergs* ，S. Haykin，E. O. Lewis，R. K. Raney，and J. R. Rossiter（editors），Wiley，443 - 504.

第 1 部分　雷达频谱分析

第 2 章　多路径条件下的到达角估计[①]

Anastasios Drosopoulos 和 Simon Haykin

2.1　引言

本章论述的到达角估计问题，某种程度上可以看作波数域谱估计（即空间域谱估计）问题。例如，利用低仰角跟踪雷达跟踪掠海导弹。在低仰角情况下，目标贴近海面飞行，产生众所周知的多路径现象。多路径现象与海面条件有关，大致如下：

1）在理想的完全光滑的表面情况下，多路径模型由两部分组成：一部分是位于水面上方的直达分量，源自目标本身；另一部分是位于水面下方的镜像分量，源自目标镜像。所接收到的镜像信号与实际目标信号之间的关系可以利用反射系数或菲涅耳系数确定。这一理想模型称为镜像多路径模型。

2）在实际的粗糙表面情况下，镜像分量效应较为复杂，相应地需要建立更为精确的多路径现象模型。而且，总的接收信号中还包含漫射多路径等非镜像分量。

无论何种情况，当镜像分量和漫射分量（次要的）与直达分量（表示期望的目标信号）相关时，便会发生衰落现象。相应的，在极端情形下，由于多路径信号与期望的目标信号反相，期望的目标信号可能完全被抵消而消失。实际上，由于雷达天线孔径的物理尺寸约束，直达分量和镜像分量都可能进入天线主瓣，进而很难分开这两个分量。而且，由于漫射多路径的存在，使到达角估计问题的复杂度进一步加大。

在本章中，利用 David Thomson 在 1982 年首次提出的多窗谱方法（MTM），对这一复杂的估计问题进行求解。在他的原始论文中，把这一频谱估计程序（在时域上公式化）称为多窗口方法。多窗谱方法来源于经典频谱估计理论，不仅是一流的数学方法，而且还对信号处理以外的许多物理学科有着重要影响。

本章还列出了利用计算机仿真和真实数据得到的试验结果。为了收集数据，特意在安大略省休伦湖的一处站点安装了 32 单元的 MARS。为简化湖面上方低仰角条件下的多路径数据收集，用一个独立的发射机代表目标，再用一个多路孔径采样天线（Sampar）作为接收机，使 MARS 以收发分置模式工作。这样，接收信号就可以包含期望目标信号（即直达分量）和多路径信号（镜像和漫射分量），而且除了不可避免的接收机噪声以外，

---

①　文中引用的材料来源于：A. DROSOPOULOS AND S. HAYKIN (1992) "Adaptive radar parameter estimation with Thomson's Multiple - Window Method," in S. Haykin and A. Steinhardt (eds.), *Adaptive Radar Detection and Estimation*，Wiley，New York，pp. 381 - 461.

不存在其他杂波信号（见图 2-1）。

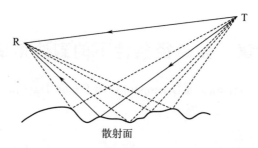

图 2-1　水面上，目标（T）信号到达雷达接收机（R）的各种路径（多路径）

　　在本章中，检验了一些空间分辨率较高的现代信号处理技术。然而，只有根据收集数据建立估计期望参数（到达方向）的精确模型，才能提高分辨率。简单的模型通常假设只存在镜像多路径，而忽略漫射多路径。在低掠角情况下，当阴影和衍射效应非常严重时，矢量电磁波粗糙表面散射的理论模型相当复杂。实际上，这一问题至今仍未得到完全解决。

　　本书提出了一种相对较新的非参数技术。该技术不需要预先假设模型，就可以通过优化和数据自适应方法，估计接收信号的空间/时间（波数/频率）特性。首先，详细描述这一技术，提供足够有用的信息，使它能够应用于各种需要获得精确试验频谱的情况。接着，说明将这一技术应用于考虑漫射多路径的低仰角条件下到达角估计的结果。最后，将特定理论频谱与实测结果进行了比较分析。

2.2　低仰角跟踪雷达问题

　　数据自适应参数估计指以自适应方式估计一个或多个雷达参数。本章重点论述到达角（AOA）估计问题。最适用于该问题的设备是孔径采样雷达，其在不同的空间点上同时对数据采样，以适当的合成方法（波束成形）估计输入信号的到达角。数据自适应信号处理包含在波束形成过程中。

　　最简单的波束形成是利用全部采样数据构建波数域谱（类似于时间序列的频谱），该谱可以是 1 维或 2 维，这取决于孔径采样是 1 维还是 2 维。实质上，孔径采样可以分辨垂直于孔径轴的输入信号（垂直孔径分辨俯仰信号，水平孔径分辨方位信号）。分辨率由波束宽度决定（对于 M 单元线性阵列，其为 $2\pi/M$）。孔径上的传感器越多，分辨率越高。理论上超分辨率技术通过复杂的信号处理，可以获得比基于傅里叶变换的传统技术更优越的性能。

　　低仰角时，情况变得特别复杂，这是因为：一方面，直达分量和镜像分量都在子波束宽度分辨的一个波束之内；另一方面，镜像分量与直达分量相干，甚至两者相位相反，可导致信号相消。这一问题在传统的单脉冲雷达上特别严重，使单脉冲雷达无法在多路径环境下正常工作，丢失所跟踪的低空飞行目标。

　　处理这一问题的最常用方法是通过接收信号进行波束形成，抑制来自水平面下方的信号，以确保接收机天线主瓣总是指向水平面上方，同时压低旁瓣，从而抑制从旁瓣进来的信号。对于采用接收数据自适应波束形成设计的雷达，自适应方法非常有效。

　　孔径采样的单元数和单元间距受现实（如成本和物理限制）约束。本章论述的 Thomson 多窗谱方法能够鲁棒解决相关信号这一难题，以最优方法提取期望的信号信息。

2.3　频谱估计背景

　　设 $\{x(t_i)\}_{i=1}^{N}$ 为一组从 1 维[①]弱稳定（即 wide-sense）连续时间复随机过程 $X(t)$ 的单次实现获得的样本序列，且假设该随机过程均值为零，自相关函数为 $r_x(\tau)$，用 E 表示统计期望算子（全书通用符号），得到

$$E\{X(t)\}=0$$

和

$$E\{X^*(t)X(t+\tau)\}=r_x(\tau) \tag{2-1}$$

如果均值 $\bar{X}(t)=E\{X(t)\}\neq 0$，那么差值 $X(t)-\bar{X}(t)$ 满足上述关系。

　　用自相关函数定义的表达式由维纳-欣钦（Wiener-Khinchine）定理给出

$$r_x(\tau)=\int_{-\infty}^{+\infty}S(f)e^{j2\pi f\tau}df \text{ 和 } S(f)=\int_{-\infty}^{+\infty}r_x(\tau)e^{-j2\pi f\tau}d\tau \tag{2-2}$$

式中，$S(f)$ 为功率谱密度（PSD）或随机过程 $X(t)$ 的简谱；$S(f)df$ 表示所有 $X(t)$ 频率可能在 $f\sim f+df$ 之间的分量对总功率（或过程方差）的平均（整个实现过程）贡献。

　　利用随机过程自身表述的功率谱定义[27]，可以更明白地解释功率谱

$$S(f)=\lim_{T\to\infty}E\left[\frac{1}{T}\left|\int_{-T/2}^{T/2}X(t)e^{j2\pi ft}dt\right|^2\right] \tag{2-3}$$

有限数据经典非参数频谱估计可认为是方程式（2-2）［布莱克曼（Blackman）和图基（Tukey）方法[3]］或方程式（2-3）（修正周期图）的近似。数据样本大小为 N 的布莱克曼和图基频谱估计由下式给出

$$\hat{S}(f)=\sum_{m=1-N}^{N-1}\hat{r}(\Delta m)d(m)e^{-j2\pi f\Delta m}$$

其中，自相关序列估计为

$$\hat{r}(\Delta m)=\frac{1}{N-m}\sum_{n=1}^{N-m}x[\Delta(n+m)]x^*(\Delta n)$$

其中 $0\leqslant m\leqslant N-1$，当 $m<0$ 时，$\hat{r}(\Delta m)=r^*(-\Delta m)$，$\Delta$ 为采样周期。权序列 $\{d(n)\}$ 为正实数且满足 $d(m)=d(-m)$，以确保频谱估计为实数；而且 $d(0)=1$，以确保 B 区间内的真实频谱平滑无偏差，其中 $B=(f:|f|<1/2\Delta)$。

----

　　①　只要简单地允许时间 t 变为 d 维向量 t，就可以实现多维处理，其中 d 为过程维度。简要说明见参考文献[5]和[6]。在下文中只考虑 1 维过程，这是因为 1 维过程能够充分地描述试验数据。

修正周期图频谱估计为

$$\hat{S}(f) = \left| \sum_{n=1}^{N} x(\Delta n) c(n) e^{-j2\pi f \Delta n} \right|^2$$

其中，$f \in B$，权序列 $\{c(n)\}$ 为正实数且满足 $\sum_{n=1}^{N} c^2(n) = \Delta$，确保真实频谱密度在区间 B 内平滑变化时频谱估计量无偏差。为近似总体-平均（统计）算子 E，一般分段记录数据并独立平均各段数据，以减小估计量方差。

通常假设 $X(t)$ 服从高斯分布，二阶统计就能完整描述过程。否则，需要用更高阶统计描述（见参考文献 [37] 关于运用多窗谱方法进行双频谱估计的内容）。此外，对于无直线部分的零均值高斯过程，需考虑各态遍历性，总体均值可以用时间均值代替。

在 Thomson 于 1982 年发表了论证 MTM 功率的论文以后，经典频谱估计理论才重新获得关注。基础理论方面，Thomson 证明了通过 $X(t)$ 自身频谱（用克莱姆表达式表示）进行频谱估计更为有效。Ishimaru[12] 对如何定义这一表示方式进行了特别说明。在 Ishimaru 的论证之后，人们认为稳定复值随机过程 $X(t)$ 满足方程式（2-1）。在推导随机过程 $X(t)$ 的频谱表示过程中，下面的傅里叶变换是很有用的

$$X(t) = \int_{-\infty}^{\infty} X(f) e^{j2\pi ft} df$$

但是，由于狄利克雷（Dirichlet）条件要求 $X(t)$ 绝对可积，即 $\int_{-\infty}^{\infty} |X(t)| dt$ 有限，这与稳定性假设相冲突。为避免这一困难，采用随机傅里叶-斯蒂尔切斯积分表示随机过程

$$X(t) = \int_{-\infty}^{\infty} e^{j2\pi ft} dZ(f)$$

式中，$dZ(f)$ 称为随机振幅或增量过程。为确定 $dZ(f)$ 的特性，对式（2-1）进行考查，可知第一个条件是

$$E\{dZ(f)\} = 0$$

第二个条件是协方差[①]函数

$$E\{X(t_1) X^*(t_2)\} = \int_{-\infty}^{\infty} \int_{-\infty}^{\infty} e^{j2\pi f_1 t_1 - j2\pi f_2 t_2} E\{dZ(f_1) dZ^*(f_2)\}$$

只是时差 $t_1 - t_2$ 的函数。根据第二个条件，得到

$$E\{dZ(f_1) dZ^*(f_2)\} = S(f_1) \delta(f_1 - f_2) df_1 df_2 \qquad (2-4)$$

式中，$S(f)$ 为随机过程的功率谱密度，表示不同频率处的功率密度。将协方差式（2-4）代入维纳-欣钦关系式（2-3）中，可以看出此定义与前面所述的定义是等效的。同时注意在不同的频率处，$E\{dZ(f_1) dZ^*(f_2)\}$ 为零，即增量 $dZ(f)$ 互相正交（不同频率的能量不相关）。

在离散时间情况下，维纳-欣钦关系式变为

$$r_x(n) = \int_{-1/2}^{1/2} S(f) e^{j2\pi fn} df \text{ 和 } S(f) = \sum_{n=-\infty}^{\infty} r_x(n)^{-e^{j2\pi fn}} \qquad (2-5)$$

---

① 对于零均值过程，自相关项和协方差项相等。

式中，$n = 0$，± 1，$\cdots$，样本之间的取样间隔为 1，这样，频率 f 就约束在主区间 $\left(-\dfrac{1}{2}, \dfrac{1}{2} \right]$ 内。同样地，给出时序 $\{x(n)\}$ 的离散时间频谱表达式

$$x(n) = \int_{-1/2}^{1/2} e^{j2\pi fn} \, dZ(f) \tag{2-6}$$

这一频谱表达式完全属于基本性概念；实质上，它说明任何稳定的时间序列都可以表示为余弦函数 $A_i \cos(2\pi f_i t + \Phi_i)$ 在所有频率 $f = f_i$ 上的和的极限。振幅 $A_i = A(f_i)$ 和相位 $\Phi_i = \Phi(f_i)$ 为非相关随机变量，且当 $f_i \approx f \neq 0$ 时，$S(f) \approx \boldsymbol{E}\{A^2(f_i)\}$，并可与 $dZ(f)$ 简单相关（见参考文献 [19]）。根据这一观点，得到合适的功率谱定义

$$\boldsymbol{E}\{dZ(f)\} = 0 \text{ 和 } S(f)df = \boldsymbol{E}\{|dZ(f)|^2\} \tag{2-7}$$

当出现许多谱线分量时，上述表达式很容易将其包含进来。第一部分矩变为

$$\boldsymbol{E}\{dZ(f)\} = \sum_i \mu_i \delta(f - f_i) \, df \tag{2-8}$$

式中，f_i 为周期或谱线的频率；μ_i 为振幅。频谱连续部分或第二部分矩变为

$$S(f)df = \boldsymbol{E}\{|dZ(f) - \boldsymbol{E}\{dZ(f)\}|^2\} \tag{2-9}$$

第一部分矩与周期现象（谐波分析）研究有关。典型地，在一个过程中会出现少量的谱线，每一个都可以用振幅、频率和相位[①]描述。这些参数可以采用基于最大似然的方法进行估计。在经典频谱估计方法中，如基于周期图的非参数估计，分辨极限（也称为瑞利分辨极限）为 $1/T$，其中 T 为总观察时间。超分辨率（即分辨率超过瑞利分辨率的频率间距）是可能的，这取决于 SNR。SNR 定义为不同频率处第一部分矩和第二部分矩的功率之比。

另一方面，第二部分存在随机特性。与第一部分的直线频谱相反，第二部分的频谱一般是平滑连续的。在此情况下，所关注的问题是频率函数估计，而不是少量参数估计，因此，最大似然参数估计在这里不适用。关于分辨率，现在不可能达到瑞利极限的两倍。一般只能获得 $2/T \sim 50/T$ 之间的分辨率，远远弱于瑞利极限。

Thomson[39] 提出"如果混淆了两个部分的特性区别，将导致诸如平滑谱线或把超分辨率标准应用于噪声类过程等的谬论和错误"。最后，需要谨记于心的是，实际上，经典频谱定义只适用于稳定过程。对于非稳定过程，一般假设仅适用于局部稳定部分。

2.3.1　频谱估计基本方程

假设有一组从稳定、复值、各态遍历、零均值高斯过程得到的观测结果，即由 N 个连续样本 $x(0)$，$x(1)$，$\cdots$，$x(N-1)$ 组成的有限数组，这时所面临的频谱分析问题是通过下面有限时间序列估计 $dZ(f)$ 的统计特性

$$\{x(n)\}_{n=0}^{N-1}$$

对数据进行傅里叶变换，得到

---

① 如何运用多窗谱方法巧妙处理衰减正弦曲线，见参考文献 [29] 和 [30]。

$$\tilde{x}(f) = \sum_{n=0}^{N-1} x(n) e^{-j2\pi fn} \tag{2-10}$$

代入 $x(n)$ 的克莱姆表达式，得到频谱估计基本方程

$$\tilde{x}(f) = \int_{-1/2}^{1/2} \boldsymbol{D}_N(f-v) \, dZ(v) \tag{2-11}$$

其中核函数由下式给出

$$\boldsymbol{D}_N(f) = \sum_{n=0}^{N-1} e^{-j2\pi fn} = \exp\left[-j\pi f(N-1)\right] \left(\frac{\sin N\pi f}{\sin\pi f}\right) \tag{2-12}$$

现在可以认为这一基本方程就是卷积，其描述了由有限样本大小所造成的窗口泄漏或频谱混叠。显然，没有任何明显的理由可以期望 $\tilde{x}(f)$ 的统计特性能与 $dZ(f)$ 的类似。

这一基本方程可以看作是 $dZ(f)$ 的第一类线性弗雷德霍姆（Fredholm）积分方程。因为是从随机正交测量 $dZ(f)$ 生成的无限稳定过程到有限观测结果样本投影的频域表达式，所以不存在反函数。这就不可能找到准确解或唯一解，只能把目标改为寻找在某种意义上统计特性接近 $dZ(f)$ 的近似解。

对于上述问题，用另外一种方式可表述为：用有限数据估计频谱是病态的逆问题（ill-posed inverse problem）。Mullis 和 Scharf[25] 把时限运算（开窗、有限数据）和频率隔离（有限频谱窗口功率）都定义为数据投影算子，分别为 $\boldsymbol{P}_T$ 和 $\boldsymbol{P}_F$。这两个算子不能交换，即 $\boldsymbol{P}_T\boldsymbol{P}_F \neq \boldsymbol{P}_F\boldsymbol{P}_T$。如果可以交换，那么它们的乘积也属于投影算子，就可以在时间和频率上分离信号分量。然而，在某种条件下 $(\boldsymbol{P}_T\boldsymbol{P}_F \approx \boldsymbol{P}_F\boldsymbol{P}_T)$，近似秩为 NW 的投影乘积算子，表示为时间-带宽乘积。这证明 Thomson 的 MTM 等同于将数据投影到一个子空间，满足信号功率在窄频谱带上达到最大，也就是说，找到了上述乘积算子近似相等所需的条件。

2.4　Thomson 多窗谱方法

一般雷达接收信号包括来自感兴趣目标的期望直达信号及其多路径反射信号，和（或）杂波加接收机噪声。在探测和跟踪应用中，要求精确估计期望信号的到达角（AOA），以及利用孔径采样天线的数据估计波数频谱。多路径通常分为两类镜像和漫射。第一类本质上属于平面波，表现为额外的谱线；第二类为随机现象，形状连续，种类更多。因此，需要以尽可能最优的方式从有限数据样品组中估计混合频谱。从理想上来说，为这一目的所采用的方法本质上应当是非参数的（参见连续频谱背景），以避免被任何与信号结构相关的先验假设所干扰。

这里选用参考文献 [36-39] 所扩展的 Thomson 多窗谱方法（MTM）解决这一估计问题①。MTM 的特点如下：

---

① MTM 及相关实例的背景信息还可见参考文献 [8]、[19]、[20]、[23]、[28]、[29] 和 [35]；从参考文献 [13] 和 [26] 提到的一些近期工作，还可以看到为阵列信号处理界所熟知的观点。

1）非参数；

2）频谱估计方法统一；

3）最适合有限数据样本；

4）可推广应用于不规则取样多维过程[5,6]；

5）一致而有效；

6）具有良好的偏差控制和稳定性；

7）提供谱线分量方差测试分析。

基本方程式（2-11）可以通过核函数的特征函数分解求解。这一函数核被公认为"有已知特征函数（即椭圆球面波函数）的狄利克雷核"。这些波函数是研究时间和频率有限系统的基础。利用待估计过程的有限带宽特性，把椭圆球面波函数作为基，可以在关于 f 的局部间隔（$f-W$，$f+W$）上寻找基本方程式（2-11）的解。

2.4.1　椭圆球面波函数和序列

根据 Slepian 的文章[1]，狄利克雷核的特征函数展开式[33]由下式给出

$$\int_{-W}^{W} \frac{\sin N\pi(f-f')}{\sin\pi(f-f')} U_k(N,W;f')\,\mathrm{d}f' = \lambda_k(N,W) U_k(N,W;f) \qquad (2-13)$$

其中，$U_k(N,W;f)$，$k=0,1,\cdots,N-1$ 为离散椭圆球面波函数（DPSWF）；W 为局部带宽，位于区间 $0<W<\frac{1}{2}$ 内，通常约为 $1/N$。

离散椭圆球面波函数的特性如下：

1）函数按照特征值排序

$$1>\lambda_0(N,W)>\lambda_1(N,W)>\cdots>\lambda_{N-1}(N,W)>0$$

第一个 $K=2NW$ 特征值非常接近 1。

2）函数双重正交，即

$$\int_{-W}^{W} U_j(N,W;f) U_k(N,W;f)\,\mathrm{d}f = \lambda_k(N,W)\delta_{j,k}$$

和

$$\int_{-1/2}^{1/2} U_j(N,W;f) U_k(N,W;f)\,\mathrm{d}f = \delta_{j,k}$$

其中

$$\delta_{j,k}=\begin{cases}1 & k=j \\ 0 & \text{其他}\end{cases}$$

为克罗内克函数。

3）傅里叶变换为离散椭圆球面序列（DPSS）

---

① 在最近的文献中，椭圆球面波函数和序列也分别被称为 Slepian 函数和 Slepian 序列，以纪念 David Slepian，他是第一个在信号处理和统计应用中描述它们特性的人。"椭圆球面"一词最先出现于椭圆球面坐标系波动方程解中。该微分方程的零阶解也是积分方程式（2-13）的解。

$$v_n^{(k)}(N,W) = \frac{1}{\varepsilon_k \lambda_k(N,W)} \int_{-W}^{W} U_k(N,W;f) \, \mathrm{e}^{-\mathrm{j}2\pi f \, [n-(N-1)/2]} \, \mathrm{d}f$$

或

$$v_n^{(k)}(N,W) = \frac{1}{\varepsilon_k} \int_{-1/2}^{1/2} U_k(N,W;f) \, \mathrm{e}^{-\mathrm{j}2\pi f \, [n-(N-1)/2]} \, \mathrm{d}f$$

当 n, $k = 0, 1, \cdots, N-1$ 和 $\varepsilon_k = \begin{cases} 1 & k \text{ 为偶数} \\ i & k \text{ 为奇数} \end{cases}$ 时，DPSWF 的表达式为

$$U_k(N,W;f) = \varepsilon_k \sum_{n=0}^{N-1} v_n^{(k)}(N,W) \, \mathrm{e}^{\mathrm{j}2\pi f \, [n-(N-1)/2]}$$

而且，DPSS 满足特普利茨矩阵特征值方程

$$\sum_{m=0}^{N-1} \left[\frac{\sin 2\pi W(n-m)}{\pi(n-m)} \right] v_m^{(k)}(N,W) = \lambda_k(N,W) v_n^{(k)}(N,W)$$

对于适当的 N 值，通过这两个方程可以简单地计算 DPSS 和 DPSWF。在矩阵式中，上面的特征值函数可以写为

$$\boldsymbol{T}(N,W)\boldsymbol{v}_{(k)}(N,W) = \lambda_k(N,W)\boldsymbol{v}_{(k)}(N,W)$$

其中

$$\boldsymbol{v}_{(k)} = [v_0^{(k)}, v_1^{(k)}, \cdots, v_{N-1}^{(k)}]^{\mathrm{T}}$$

和

$$\boldsymbol{T}(N,W)_{mn} = \begin{cases} \sin[2\pi W(m-n)] / [\pi(m-n)], & m,n = 0,1,\cdots,(N-1) \text{ 且 } m \neq n \\ 2W & m = n \end{cases}$$

Thomson[36] 和 Slepian[31-34] 都给出了计算 DPSS 和 DPSWF 的渐进式；最初，很可能是这些渐进式过于复杂，使人们失去了使用椭圆球面基的信心。但是，如果只需要特征向量将变得简单，Slepian[33] 提出 DPSS 满足施图姆-刘维尔微分方程，从而得到

$$\boldsymbol{S}(N,W)\boldsymbol{v}_{(k)}(N,W) = \theta_k(N,W)\boldsymbol{v}_{(k)}(N,W) \qquad (2-14)$$

矩阵 $\boldsymbol{S}(N,W)$ 为三对角矩阵

$$\boldsymbol{S}(N,W)_{ij} = \begin{cases} \dfrac{1}{2}i(N-1) & j = i-1 \\[2mm] \left(\dfrac{N-1}{2} - i\right)^2 \cos 2\pi W & j = i \\[2mm] \dfrac{1}{2}(i+1)(N-1-i) & j = i+1 \\[2mm] 0 & \text{其他} \end{cases}$$

其中，i, $j = 0, 1, \cdots, N-1$。即使特征值 θ_k 不等于 λ_k，它们也按照同样的方式排序，而且特征向量相同。三对角矩阵比特普利茨矩阵容易求解，而且存在一种可行的特征向量数值计算方法。实际上，只需用少量的特征值和特征向量。已知特征向量，特征值可以从

下式得到①

$$\lambda_k(N,W) = [\boldsymbol{v}_{(k)}(N,W)]^{\mathrm{T}} \boldsymbol{T}(N,W) \boldsymbol{v}_{(k)}(N,W) \tag{2-15}$$

注意，这里利用复指数因子对 Slepian 的狄利克雷核进行调制，得到特征函数展开式

$$\int_{-W}^{W} \boldsymbol{D}_n(f-v) V_k(v) \,\mathrm{d}v = \lambda_k V_k(f) \tag{2-16}$$

其中，为了简化起见，对 N 和 W 的依赖性降低。通过下式与 Slepian 原来的阐述[39] 相关联

$$V_k(f) = (1/\varepsilon_k)\, \mathrm{e}^{-\mathrm{j}\pi f(N-1)} U_k(-f)$$

于是，通过对 Slepian 的 DPSS 进行傅里叶变换，得到

$$V_k(f) = \sum_{n=0}^{N-1} v_n^{(k)}(N,W)\, \mathrm{e}^{-\mathrm{j}2\pi fn} \tag{2-17}$$

数据 $v_n^{(k)}$ 和频谱 $V_k(f)$ 窗口（Slepian 序列和函数）的计算步骤如下：

1）得到一阶 N 点数据样本，设定 N；

2）选取时间-带宽积 NW，设定解析窗口 W；

3）运用式（2-14）和式（2-15）计算 λ_k 和 $v_n^{(k)}$，实际上，只需用到前面 $K=2NW$ 个大特征值的项（Thomson[38]建议采用 $K=2NW-1$ 到 $K=2NW-3$ 项最小化较高阶窗口泄漏）；

4）最后，运用式（2-17）与快速傅里叶变换（FFT）算法（最好补零）计算相应的 $V_k(f)$ 窗口。

图 2-2 和图 2-3 为数据和频谱窗口（Slepian 序列和函数）示例图，其用于测试数据集（见 2.5 节）。注意，使用它们的重要原因是这些窗口对于频带 $(f-W, f+W)$ 内的能量密度最优。实质上，运用这些窗口，可以最大化频带 $(f-W, f+W)$ 内的信号能量，同时最小化频带外的能量泄漏。因此，它们是带限过程在频域内采用基函数展开的最好选择。实际上，查看 MTM 的另一种方法是使数据通过基带（低通）滤波器（见图 2-4），以区间 $(-1/2, 1/2)$ 滑过所有频率。由于频谱估计本质上是估计某一解析窗口内的信号功率，这可以运用理想的矩形波滤波器实现，基带滤波器是最有可能近似此类窗口的方法。事实上，运用多个窗口有利于减小估计量方差。此外，由于解析频带内的信号功率密度较大（特征值接近 1，见图 2-5），因此窗口多样性引起的偏差可以保持较小。

---

① Thomson 在参考文献［38］中运用程序 BISECT 和 TINVIT 评价 Slepian 序列，运用

$$\lambda_k(N,W) = \int_{-W}^{W} |V_k(f)|^2 \mathrm{d}f \Big/ \int_{-1/2}^{1/2} |V_k(f)|^2 \mathrm{d}f$$

计算特征值。由于 $V_k(f)$ 依赖 N，自变量中包含 N。

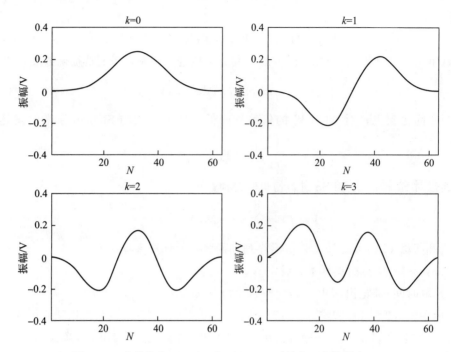

图 2-2　当采样点 $N = 64$ 和 $NW = 4$ 时的前 4 个数据窗口。
它们可简单表示前 4 个特征向量 $v_{(k)}(N, W)$

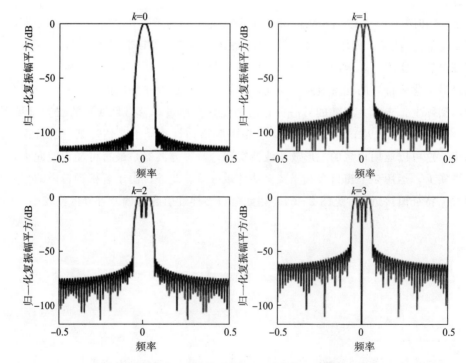

图 2-3　当 $N = 64$ 和 $NW = 4$ 时的前 4 个频谱窗口。
它们是图 2-2 中数据窗口傅里叶变换的复振幅平方（dB）

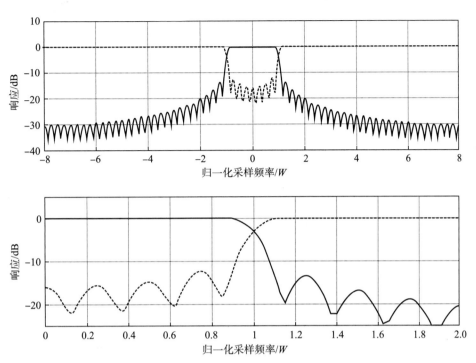

图 2-4　低通/高通频率响应。低通（基带）响应是前 8 个频谱窗口的平均值，而高通响应是其他 56 个窗口的平均值。对于频谱估计，低通响应近似理想矩形滤波器，而高通响应表示解析窗口 W 外部发生的泄漏。如果期望旁瓣衰减（比如在滤波器设计中），应当运用更少的窗口。图中上半部分表示 $-8W \leqslant f \leqslant 8W$ 内的全部频率响应，按窗口单位比例绘制，下半部分为 $0 \leqslant f \leqslant 2W$ 区间曲线的放大图

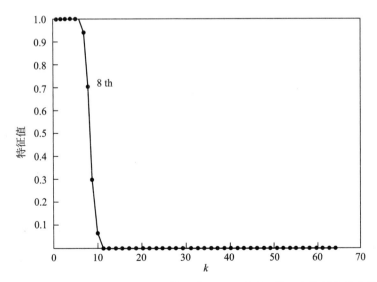

图 2-5　$N = 64$ 和 $NW = 4$ 的特征值频谱。可以看到，前 8 个特征值非常接近 1，对应于前 $K = 2NW = 8$ 个窗口，这些窗口对频谱估计器的影响可以忽略

2.5　测试数据集和几种流行频谱估计方法比较

为了检验对多窗谱方法的认知，在研究的每一个阶段都利用一个已知的测试数据集对其进行检验。该数据集包含一个 $N=64$ 点的复数时间序列（见参考文献 [22]），是参考文献 [15] 中给出的著名真实数据集的子集。参考文献 [15] 用这一真实数据集检验了 11 种现代频谱估计方法（稍后可以看到，没有一种方法比 MTM 更优）。数据集的解析频谱由以下几个部分组成：

1）包含相对频率为 0.2 和 0.21 的两条复数正弦曲线，以检验频谱估计器的分辨能力。注意，瑞利（Rayleigh）分辨极限为 $1/N=1/64=0.015\,625$，因此，这一双重谱线两个相对频率之差略低于它。

2）包含相对频率 0.1 和 −0.15 的两条较弱的复数正弦曲线，在此两相对频率处功率降低 20 dB。选择这两条单谱线可用于检验频谱估计器在强信号中分辨弱信号的能力。

3）包含一个有色噪声过程，由两个独立生成的零均值真实白噪声过程通过相同的滑动平均滤波器，分别生成测试数据噪声过程的实部和虚部。如图 2 - 6 所示，在中心点为 0.35 的相对频率 0.2～0.5 之间，或者中心点为 −0.35 的相对频率 −0.2～−0.5 之间，每一滤波器都有相同的上升余弦响应。这一噪声过程的最大功率电平比双重谱线低 15 dB，比单谱线高 5 dB。

注意，虽然有色噪声过程在正负频率区间的频谱解析形式相同，但是由于实数和虚数部分独立生成，在估计频谱中并不期望出现这种对称情况。

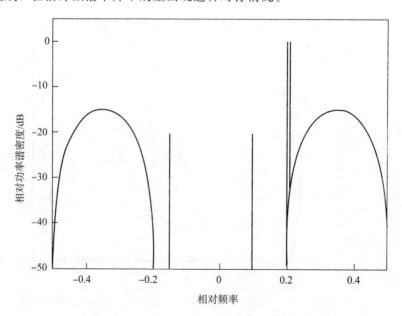

图 2 - 6　准确已知的 Marple 合成数据集解析频谱

2.5.1　经典频谱估计

按照 Marple[22] 的方法，首先从简单选取离散傅里叶变换（利用 4 096 点 FFT 实现）和矩形窗口的经典频谱估计方法开始。为了与一个窗口执行例子进行比较，选用汉明窗口（3 段，每段 32 个样本，段间 16 个样本重合）。图 2-7 表示的是结果，可以看到，已经分辨出一些频谱特性。当然，由于傅里叶变换本质上是数据序列与复数正弦曲线的交叉相关，它试图使用正弦曲线拟合频谱连续部分。虽然汉明窗口通过减小频谱连续部分的方差降低了问题的复杂度，但是增大了谱线部分估计的偏差。

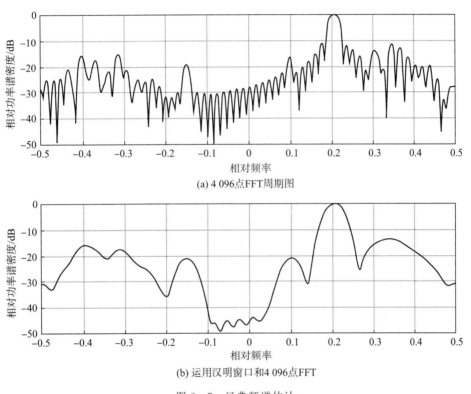

(a) 4 096点FFT周期图

(b) 运用汉明窗口和4 096点FFT

图 2-7　经典频谱估计

2.5.2　MUSIC 和 MFBLP

多重信号分类（MUSIC）和修正前后向线性预测（MFBLP）是两种用于估计数据序列谱线部分的现代算法，都采用了信号和噪声次空间概念。通过构造投影算子，把数据映射到一个或其他次空间上，从而最优化信号空间部分，得到较高的 SNR 而获得超分辨率能力，这是在投影基函数能够重构信号假设成立的条件下得到的（即背景噪声相关矩阵已知，SNR 高于某一阈值，而且数据已完全校准）。

任意选取 10 个信号，可以看到（见图 2-8），分辨谱线部分没有问题，但是，正如所料，这两种方法同样试图使用正弦曲线拟合频谱的连续部分。在缺乏先验知识的情况下，这很容易把噪声峰值误认为信号峰值。另外，还能观察到特征值谱逐渐衰减，这明显表示存在有色噪声。

总之，上述的经典方法和特征分解方法都不能完全正确地估计已知频谱的谱线和连续部分。

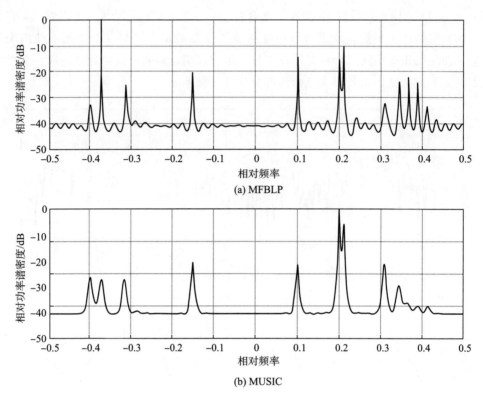

图 2 - 8　MFBLP 和 MUSIC 频谱

2.6　多窗谱频谱估计

现在，把注意力转回 MTM[①]，利用 Slepian 基函数在 $(f-W, f+W)$ 内分解来求解频谱估计基本方程式（2-11）。根据 Mercer 定理，核函数的展开式由下式定义

$$\boldsymbol{D}_N(f-v)=\sum_{k=0}^{\infty}\lambda_k V_k(f)V_k^*(v) \tag{2-18}$$

和

$$\mathrm{d}Z(f-v)=\sum_{k=0}^{\infty}x_k(f)V_k^*(v)\mathrm{d}v \tag{2-19}$$

其中，星号表示复共轭。仔细利用正交性（见参考文献 ［41］），可得出式（2-19）的系数

---

① 起名为多窗或多窗谱的原因是，在频谱估计过程中采用多个窗而不是一个窗口，而且这普遍应用于实践中。这一估计方法在减小方差的同时，会略微增大偏差。但是，只要使用的是相应特征值 λ＝1 的窗口，就可以忽略偏差增大。

$$x_k(f) = \sum_{n=0}^{N-1} x(n) v_n^{(k)}(N, W)^{-j2\pi fn} \qquad (2-20)$$

式中，$\{x_k(f)\}$ 称为第 k 个样本的特征系数。由于这些系数可以通过变换数据与第 k 个数据窗口 $v_n^{(k)}(N, W)$ 的乘积计算得到，它们的绝对值平方

$$\hat{S}_k(f) = |x_k(f)|^2 \qquad (2-21)$$

分别为各自的直接频谱估计，因此，称为特征谱。通过前面 $K = 2NW$ 个特征值最大的项，得到粗略多窗谱频谱估计

$$\bar{S}(f) = \frac{1}{K} \sum_{k=0}^{N-1} \frac{1}{\lambda_k(N, W)} |x_k(f)|^2 \qquad (2-22)$$

2.6.1　自适应频谱

虽然低阶特征谱拥有极好的偏差特性，但是，随着 k 趋向于 $2NW$，这一特性将出现一定程度的降低。在 Thomson1982 年的论文[36]中，引入了一组权数 $\{d_k(f)\}$，降低高阶特征谱的权。他通过最小化 $dZ(f)$ 扩展式正合系数[①]$Z_k(f)$ 和 $d_k(f)x_k(f)$ 之间的均方误差得到这些权数。均方误差的表达式为

$$\boldsymbol{E}\{|Z_k(f) - d_k(f)x_k(f)|^2\} \qquad (2-23)$$

已知

$$Z_k(f) = \frac{1}{\sqrt{\lambda_k}} \int_{-W}^{W} V_k(v) dZ(f-v)$$

和

$$x_k(f) = \int_{-1/2}^{1/2} V_k(v) dZ(f-v)$$

可以得到

$$Z_k(f) - d_k(f)x_k(f) = \left[\frac{1}{\sqrt{\lambda_k}} - d_k(f)\right] \int_{-W}^{W} V_k(v) dZ(f-v) - d_k(f) \fint V_k(v) dZ(f-v)$$

其中，截积分由下式定义

$$\fint = \int_{-1/2}^{1/2} - \int_{-W}^{W}$$

间距 $(-W, W)$ 和 $(-1/2, -W) \cup (W, 1/2)$ 分别称为频带内和频带外。

这里，可以把频带 $(f-W, f+W)$ 内的能量看作信号分量，频带外的能量看作噪声分量。因为这两个分量不相关，所以它们的叉积为零，从而把式（2-23）的最小化变为简单的最优维纳滤波器寻找过程。

把第 k 个特征谱的宽带偏差定义为

$$B_k(f) = \left|\fint V_k(v) dZ(f-v)\right|^2 \qquad (2-24)$$

---

①　虽然不可观察，但是，如果整个过程可以在截断为有限样本大小之前通过 $(f-W) \sim (f+W)$ 间的理想带通滤波器，那么就可得到扩展式正合系数。此时，这些扩展式正合系数具有一定的重要性。

带宽偏差期望值为

$$E\{B_k(f)\} = \oint |V_k(v)|^2 S(f-v)\,\mathrm{d}v \qquad (2-25)$$

根据柯西-施瓦茨不等式，可以得到其上限

$$E\{B_k(f)\} \leqslant \oint |V_k(v)|^2 \mathrm{d}v \oint E\{|\mathrm{d}Z(f-v)|^2\} \qquad (2-26)$$

式（2-26）右侧的第一个积分正好是值为 $(1-\lambda_k)$ 的频带外 Slepian 函数能量。而第二个积分通过在频带内填补空白得到，其期望值为过程平均功率 σ^2（过程方差）。因此，得到

$$E\{B_k(f)\} \leqslant (1-\lambda_k)\sigma^2 \qquad (2-27)$$

最小化式（2-23）的权数为

$$d_k(f) = \frac{\sqrt{\lambda_k} S(f)}{\lambda_k S(f) + E\{B_k(f)\}} \qquad (2-28)$$

过程方差为

$$\sigma^2 = \int_{-1/2}^{1/2} S(f)\mathrm{d}f = r_x(0) = E\{|x(n)^2|\} \approx \frac{1}{N}\sum_{n=0}^{N-1} |x(n)|^2 \qquad (2-29)$$

宽带偏差期望值的合理初始估计 $\hat{B}_k(f)$ 由下式给出

$$\hat{B}_k(f) = E\{B_k(f)\} = (1-\lambda_k)\sigma^2 \qquad (2-30)$$

这实际上是 $E\{B_k(f)\}$ 的上界。

　　注意，为了计算式（2-28）的自适应权数 $d_k(f)$，需要知道真实频谱 $S(f)$。当然，如果知道真实频谱，那就完全不需要进行任何的频谱估计。然而，关系式（2-28）在运用迭代方法计算 $\hat{S}(f)$ 以估计 $S(f)$ 时非常有用；把式（2-28）代入下面的估计

$$\hat{S}(f) = \frac{\displaystyle\sum_{k=0}^{K-1} |d_k(f)|^2 \hat{S}_k(f)}{\displaystyle\sum_{k=0}^{K-1} |d_k(f)|^2} \qquad (2-31)$$

得到

$$\sum_{k=0}^{K-1} \frac{\lambda_k [\hat{S}(f) - \hat{S}_k(f)]}{[\lambda_k \hat{S}(f) + \hat{B}_k(f)]^2} = 0 \qquad (2-32)$$

将两个最低阶特征谱的平均值作为 $\hat{S}(f)$ 的初始值，对下式进行迭代

$$\hat{S}^{(i+1)}(f) = \left[\sum_{k=0}^{K-1} \frac{\lambda_k \hat{S}_k^{(i)}(f)}{[\lambda_k \hat{S}^{(i)}(f) + \hat{B}_k(f)]^2}\right]\left[\sum_{k=0}^{K-1} \frac{\lambda_k}{[\lambda_k \hat{S}^{(i)}(f) + \hat{B}_k(f)]^2}\right]^{-1}$$

可求得解。通常收敛速度较快，在 5～20 次迭代内连续频谱估计误差小于 5%。

　　运用式（2-30）可以把上述方法简单地应用于 $\hat{B}_k(f)$。在 Thomson 的论文[36]中，他进行了深入的研究，发现了比此更严格的约束。基本概念如下：首先注意到 $E\{B_k(f)\}$ 的定义是频域内的卷积；将其变换到时间域，则它只是两个时间函数的乘积。

在乘法运算之后，还可以变回到频域。利用快速傅里叶变换（FFT）算法可以有效实现整个过程。

为此，定义外部时延窗口

$$L_k^{(o)}(\tau) = \int e^{j2\pi\tau v} |V_k(v)|^2 dv = \int_{-1/2}^{1/2} e^{j2\pi\tau v} |V'_k(v)|^2 dv$$

其中

$$V'_k(v) = \begin{cases} V_k(v) & v \in (-1/2, W) \bigcup (W, 1/2) \\ 0 & v \in (-W, W) \end{cases}$$

后一个积分可以运用 FFT 算法近似。

接下来，计算对应当前频谱估计迭代的自协方差函数 $R^{(o)}(\tau)$

$$R^{(o)}(\tau) = \int_{-1/2}^{1/2} \hat{S}(v) e^{j2\pi\tau v} dv$$

该积分也可以通过 FFT 算法近似。

最后，变换回频域

$$\hat{B}_k(f) = \sum_\tau e^{-j2\pi\tau v} L_k^{(o)}(\tau) R^{(o)}(\tau)$$

这一求和也可以运用 FFT 计算。

基于上述概念，只要花费更多的计算机时间，就可以获得比运用式（2 - 30）略好的分辨率。然而，注意，对于前几个 k，条件式（2 - 27）并不需要满足；而且，利用上面最后的频谱估计，可以计算得到良好的自协方差函数估计。

这一自适应估计方法还附带一个有用的功能，即对估计稳定性的估计，如下式

$$v(f) = 2 \sum_{k=0}^{K-1} |d_k(f)|^2 \tag{2-33}$$

它是频率函数 $\hat{S}(f)$ 的自由度近似数。如果 $v(f)$ 在频率上的平均数 $\bar{v}$ 明显小于 $2K$，那么不是窗口 W 太小，就是需要用到预白化措施。这与在参考文献［36］中研究的方差效率系数一起，可在 W 和 K 改变时提供有效的停止规则。在更复杂的情况中，也可以计算频谱折叠[①]误差估计[40]。

2.6.2　复合频谱

使用上述的自适应加权法可以很好地解决泄漏和偏差。Thomson 还通过把每个特定频点 f_0 看作 $(f - W \leqslant f_0 \leqslant f + W)$ 内的自由参数，通过做进一步的改进，以获得更高的分辨率。结果是出现不同的权数选择，引出了复合频谱估计

$$\hat{S}_C(f) = \frac{\int_{f-W}^{f+W} w(f_0) \hat{S}_h(f; f_0) df_0}{\int_{f-W}^{f+W} w(f_0) df_0} \tag{2-34}$$

---

①　最简单的折叠形式可见下面的程序说明：已知一组观察值（N 个），每个观察值依次删除，形成 N 个包含 $N-1$ 个观察值的子集。这些子集被用来形成给定参数的估计，然后，通过联合这些估计值给出该参数的偏差和方差估计。Thomson 和 Chave 在参考文献［40］中论述了这一概念在频谱、相干性和传递函数中的扩展应用。

其中

$$\hat{S}_h(f;f_0) = \frac{2}{\upsilon(f)} \left| \sum_{k=0}^{K-1} V_k(f-f_0) d_k(f) x_k(f_0) \right|^2 \qquad (2-35)$$

$$w(f_0) = \frac{\upsilon(f_0)}{\hat{S}(f_0)^2} \qquad (2-36)$$

式中，$\hat{S}(f_0)$ 为前面所研究的自适应频谱。

这一权数选择施加的约束为：为使 $w(f_0)$ 合理分布，$\hat{S}(f_0)$ 应有足够的自由度。实际上，在全部窗口 $|f-f_0|=W$ 上进行自由参数扩展并不可取，较为合理的是在 $0.8W \sim 0.9W$ 附近移动以最小化带外泄漏（见图 2-4）。此外，在自由度较小的区域，Thomson 建议通过除以与 $\sum_{k=0}^{K-1} |w_k(f_0) V_k(f-f_0)|^2$ 成比例的因子以更改 $\hat{S}_h(f;f_0)$ 比例。最终版本的 Thomson 频谱估计方法通过数值方法实现。在任意期望频点的 $w(f)$ 函数值可以从 $\upsilon(f)$ 和 $\hat{S}(f)$ 计算出的数据表进行样条插值得到。但是，如果用式（2-30）计算 $\hat{B}_k(f)$，那么很容易得到 $w(f)$ 的准确表达式，而且不需要插值［该方法与用 $w(f)$ 插值方法进行复合频谱估计的差异几乎可以忽略不计］。积分可利用龙伯格方法[①]进行数值计算。对于给定的数值精度，龙伯格方法的函数计算次数最少。积分边界选为 $0.8W$，以使谱线部分的比更接近已知值。最后，还需要明确修正 $\hat{S}_C(f)$ 的比例换算[②]。注意，上述 Thomson 关于更改 $\hat{S}_h(f;f_0)$ 比例的建议并没有规定比例约束，因此，对这一特殊的比例进行调整是合理的。

更多最近关于高分辨率频谱估计方法的论述见参考文献［38］。Thomson 指出，这仍然是一块相当活跃的研究领域，例如，虽然对于变化缓慢的频谱，这一估计方法不存在偏差，但它基本未考虑精细频谱结构。在本章的后续部分，Thomson 方法应用于实际数据，并采用自适应频谱估计。

2.6.3　计算粗糙、自适应、复合频谱

应用上述粗糙、自适应、复合频谱的结果如图 2-9～图 2-11 所示。由于频谱估计的不适定性，选取时间-带宽乘积时必须与偏差-方差一起权衡考虑。如果分析窗口 W 太小（细节分辨率较高），那么统计稳定性较差（方差较大）；但是，如果 W 太大，估计的频率分辨率较低。此效果可以在频谱估计和后面 F 检验中看到。因此，实际应用中不得不尝试多个不同的时间-带宽乘积值，以选出感兴趣的特性。Thomson 在参考文献［39］中建议，将"W 在 $1/N \sim 20/N$ 之间，时间-带宽乘积为 4 或 5"作为通用起点。

---

① 样条插值和龙伯格积分子程序都根据参考文献［30］改编。

② 也就是说，乘以适当的比例因子，以得到接近已知值的方差估计 $\hat{\sigma}^2$（利用梯形积分法计算所得频谱的下方区域）。

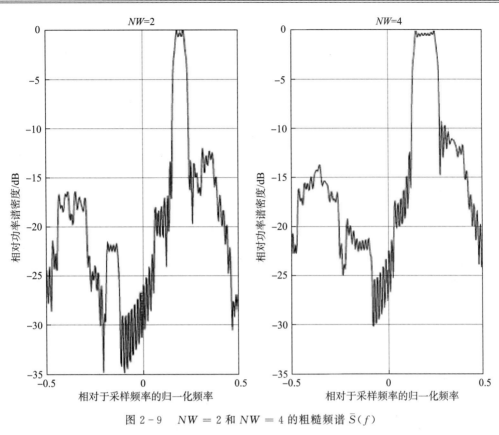

图 2 - 9 $NW = 2$ 和 $NW = 4$ 的粗糙频谱 $\bar{S}(f)$

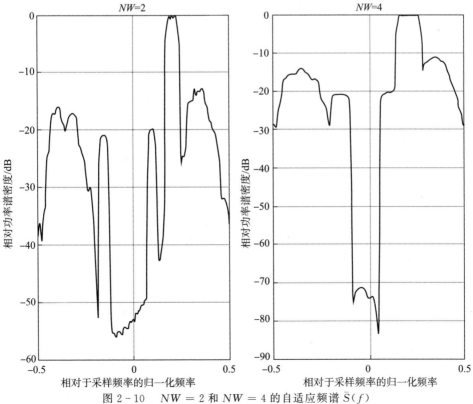

图 2 - 10 $NW = 2$ 和 $NW = 4$ 的自适应频谱 $\bar{S}(f)$

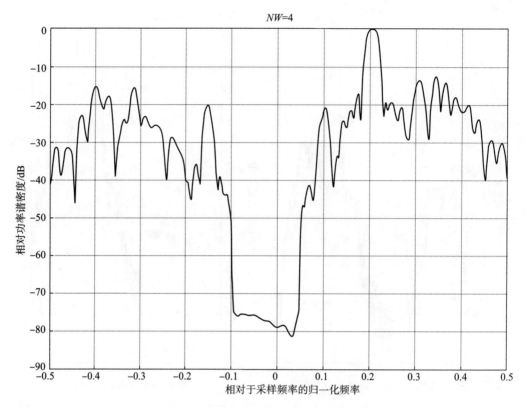

$$图 2 - 11　NW = 4，K = 8 及 0.8 W 的积分边界时的复合频谱。较大的边界导致已知信号分量$$
之间功率水平的更大失配。频谱窗口较大时注意复合频谱的细节

2.7　关于谱线部分的 F 检验

由于事实上存在谱线分量，而所研究的频谱估计方法一般隐含假设不存在谱线部分，因此 2.6.3 节计算得到的频谱估计并不令人满意。可以应用统计学中 F 检验方法，结合 MTM 检查和估计频谱中已有的谱线部分。F 检验是一种先从总群中选出两个假定的相关样本，再向它们分配概率值的统计学检验方法。假设这两个样本服从 χ^2 分布，但均值和方差未知；它包含从高斯（正态）总体选出的平方和。下面简要描述应用于线性回归模型的 F 检验方法，详细资料请参见 Draper 和 Smith 的文献[7]。

2.7.1　F 检验概述

假设模型

$$y = Ax + e$$

与 $p \times 1$ 维参数向量 x 线性相关，其中 $n \times p$ 维系数矩阵 A 和 $n \times 1$ 维向量 y 已知或可通过已知数据集估计。假设误差向量 e 统计独立，服从 $N(0, \sigma^2)$ 分布。那么，上述模型的另一种表述为

$$E\{y\} = Ax$$

在最小二乘准则下为了获得参数向量 x 的最优估计，需要满足

$$\min_{x} \| y - Ax \|^2$$

用上标 H 表示矩阵的共轭转置（Hermitian），写出均方误差的表达式

$$e^2(x) = e^H e = \| y - Ax \|^2 = y^H y - y^H Ax - x^H A^H y + x^H A^H Ax$$

其最小值为著名的线性最小二乘解

$$\hat{x} = (A^H A)^{-1} A^H y = A^+ y$$

其中，$A^+ = (A^H A)^{-1} A^H$ 是 A 的伪逆矩阵。

F 检验思想源于可以将总方差 $y^H y$ 的观测值分为两个分量，一个是自回归分量 $\| A\hat{x} \|^{2 [7,P80]}$，另一个是残差分量 $\| y - A\hat{x} \|^2$。每个分量分别与自由度 v_1 和 v_2 相关。对于 K 个复数据，总自由度为

$$v_1 + v_2 = 2K$$

此时证明，如果误差为独立的零均值高斯随机变量，这两个方差分量分别服从自由度为 v_1 和 v_2 的 χ^2 分布。它们的比值服从 $F(v_1, v_2)$ 分布，可以进行期望显著水平的假设检验。表 2 - 1 为方差分析（ANOVA）简表。

表 2 - 1　方差分析（ANOVA）简表

方差源	自由度	平方和(SS)	平方和均值
回归	v_1	$SS_1 = \| A\hat{x} \|^2$	$MS_{reg} = SS_1/v_1$
残差	v_2	$SS_2 = \| y - A\hat{x} \|^2$	$s^2 = SS_2/v_2$

关于显著水平为 α，$H_0: x = 0$ 与 $H_1: x \neq 0$ 的假设检验如下：如果 H_0 为真，那么比值（见表 2 - 1）

$$F = \frac{MS_{reg}}{s^2} = \frac{v_2 SS_1}{v_1 SS_2}$$

应当服从显著水平为 α 的 $F(v_1, v_2)$ 分布，α 可从统计表中查得。如果计算值大于统计表中的值[①]，那么该假设不满足 $100(1-\alpha)\%$ 置信度条件。这意味着至少有一个 x 的元素不等于零。

所研究模型的各种线性假设也可以进行检验。围绕可能的附加参数，研究下面两个模型：

1. $$E\{Y\} = A_1 x_1 + A_2 x_2 + \cdots + A_p x_p$$

2. $$E\{Y\} = A_1 x_1 + A_2 x_2 + \cdots + A_q x_q$$

其中，$q < p$。两个模型中下标相同的 A 相同。相比第一个模型，第二个模型只是需要拟合较少的参数。根据第一个模型，x 估计为

$$\hat{x}_p = (A_p^H A_p)^{-1} A_p^H y$$

---

① 当然，实际上，要求计算的 F 比值远大于表中值。

相应的残差平方和为

$$S_1 = \| \boldsymbol{y} - \boldsymbol{A}_p \, \hat{\boldsymbol{x}}_p \|^2$$

S_1 有 $2(n-p)$ 个自由度（n 为回归分析可用复数据总数），以及

$$s^2 = \frac{S_1}{2(n-p)}$$

也是第一个模型的方差估计。对于第二个模型，有

$$\hat{\boldsymbol{x}}_q = (\boldsymbol{A}_q^{\mathrm{H}} \boldsymbol{A}_q)^{-1} \boldsymbol{A}_q^{\mathrm{H}} \boldsymbol{y}$$

和

$$S_2 = \| \boldsymbol{y} - \boldsymbol{A}_q \, \hat{\boldsymbol{x}}_q \|^2$$

其中，S_2 有 $2(n-q)$ 个自由度。为检验假设：不需要其他附加参数项，考虑比值

$$\frac{\dfrac{1}{2(p-q)}(S_2 - S_1)}{\dfrac{1}{2(n-p)}S_1}$$

并按惯例此比值服从 $F[2(p-q)，2(n-p)]$ 分布。

这些信息足以在 2.7.2 节对多谱线计算部分进行 F 检验。

2.7.2　点回归单谱线 F 检验

已知频率 f_0 上的谱线分量，第 k 个特征系数的期望值为

$$E\{x_k(f)\} = \mu V_k(f - f_0) \tag{2-37}$$

在特定频率 f 上，$x_k(f)$ 对应 2.7.1 节的 $\boldsymbol{y}$，参数 μ 对应 $\boldsymbol{x}$，$V_k(f - f_0)$ 对应矩阵 $\boldsymbol{A}$。这里，参数数量 p 等于1，而且基于其为最小二乘问题的假定，不得不最小化关于 1×1 复标量参数 μ 的残差 $\| \boldsymbol{x} - \boldsymbol{V}\mu \|^2$，其中

$$\boldsymbol{x} = \begin{bmatrix} x_0(f) \\ x_1(f) \\ \vdots \\ x_{K-1}(f) \end{bmatrix}，\mu = \mu，\boldsymbol{V} = \begin{bmatrix} V_0(f - f_0) \\ V_1(f - f_0) \\ \vdots \\ V_{K-1}(f - f_0) \end{bmatrix}$$

出现"点回归"一词的原因是这里把每个频点 f 看作 f_0 的候补。设 $f_0 = f$，检验模型 $(2-37)$ 的统计显著性。

f 上的残差也可以写为

$$e^2(\mu, f) = \sum_{k=0}^{K-1} | x_k(f) - \mu(f) V_k(0) |^2 \tag{2-38}$$

μ 的最小二乘解为

$$\hat{\mu} = (V^{\mathrm{H}} V)^{-1} V^{\mathrm{H}} x = \hat{\mu}(f) = \frac{\displaystyle\sum_{k=0}^{K-1} V_k^*(0) x_k(f)}{\displaystyle\sum_{k=0}^{K-1} | V_k(0) |^2}$$

也可以写为

$$\hat{\mu}(f) = \sum_{n=0}^{N-1} h_n(N,W) x(n) e^{-j2\pi fn} \qquad (2-39)$$

其中第 n 项谐波数据窗口定义为

$$h_n(N,W) = \frac{\sum_{k=0}^{K-1} V_k^*(0) v_n^{(k)}(N,W)}{\sum_{k=0}^{K-1} |V_k(0)|^2} \qquad (2-40)$$

此时，检验假设 H_0，当 $f_0 = f$ 时，模型（2-37）为假；也就是说，参数 μ 等于零，与假设 H_1 相反。换句话说，根据特定频率谱线分量假设中说明的能量与残留能量的比，可以得到 F 比，即

$$F(f) = \frac{\dfrac{1}{v_1} \| \boldsymbol{V}\mu \|^2}{\dfrac{1}{v_2} \| \boldsymbol{x} - \boldsymbol{V}\mu \|^2}$$

或

$$F(f) = \frac{\dfrac{1}{v} |\hat{\mu}(f)|^2 \sum_{k=0}^{K-1} |V_k(0)|^2}{\left(\dfrac{1}{2K-v}\right) e^2(\hat{\mu} - f)} \qquad (2-41)$$

其中 v 等于两自由度（复数谱线振幅的实数和虚数部分）。自由度总数 $2K$ 从可提取信息的 K 个复数据得到。如果某个频率上的 F 较大，那么假设不成立；也就是说，该处存在谱线分量。F 最大值的位置提供了谱线的频率估计，其分辨率在克莱姆-拉奥（Cramér-Rao）边界 5%～10% 之内。

如果这些谱线相互孤立，即在区间 $(f-W, f+W)$ 内只有一根谱线，那么检验良好。只要谱线是单个出现的，谱线的总数就不重要了。当谱线间距小于 W 时，可运用多谱线检验，这与用部分 F 检验代替简单 F 检验类似，但 $V_k(f-f_i)$ 函数的矩阵上的特征系数代数回归更为复杂。Thomson 提到，多谱线检验应当谨慎运用，因为，当谱线间距小于 $2/N$ 时，谱线参数估计的克莱姆-拉奥边界衰减迅速。

另外，还需注意，F 检验是统计学检验方法。这意味着，当有大量用不同方法得到的数据时，有时能看到高度有效的值，这实际上只是样本波动造成的。一个好的经验法则，如 Thomson 在参考文献［36］中指出的，不应因显著水平低于 $1 \sim 1/N$ 而激动。经验还建议对多个不同的 NW 值开展检验。如果谱线分量从一个样本消失而在其他样本中出现，那么基本可以确定是样本波动造成的。

在图 2-12 中可以看到对 Marple 数据集进行 F 检验的结果。注意不同 NW 和 K 值的影响。图上还描绘了置信水平为 99% 和 95% 的曲线。

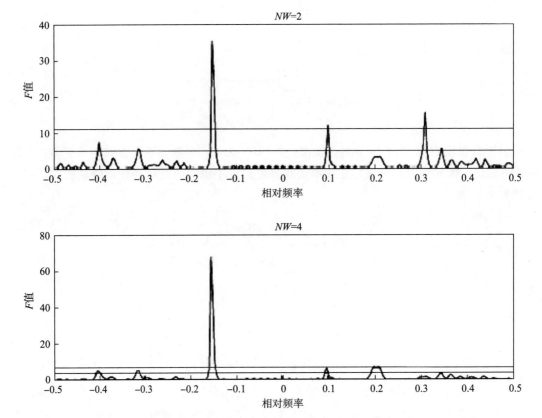

图 2-12　$NW = 2$ 和 4 时，应用于 Marple 数据集的点回归单谱线 F 检验，
包含对应 99％和 95％置信水平的 F 值曲线

2.7.3　积分回归单谱线 F 检验

Thomson 在参考文献［36］中建议使用积分回归检验代替上述的 f_0 点回归检验。检验准则是最小化 μ 的积分和

$$e^2 = \sum_{k=0}^{K-1} \int_{f_0-W}^{f_0+W} |x_k(f) - \mu V_k(f-f_0)|^2 \mathrm{d}f \qquad (2-42)$$

虽然此时的研究变得更为复杂，但是基本逻辑与之前一样。这里可以再次采用等价谐波窗口，但是它的形式为旁瓣极低的椭球面函数卷积。由于需要从较大的带宽中提取信息，该方法的缺点是受到的噪声干扰更多。虽然参考文献［36］对这一方法或多谱线 F 检验没有更加详细的描述，但是之前给出的矩阵形式一般足以解决问题。[①]

均方误差 e^2 对 μ 求微分，并令结果等于零，得到

$$\int_{f_0-W}^{f_0+W} (V^\mathrm{H}V\mu - V^\mathrm{H}x)\,\mathrm{d}f = 0 \qquad (2-43)$$

1×1 复参数 $\hat{\mu}$（单谱线情形为标量）由下式给出

---

①　在 Thomson 最近的参考文献［38］中，他相当详细地论述了单谱线和多谱线 F 检验。

$$\hat{\mu}(f_0) = \frac{\sum_{k=0}^{K-1} \int_{f_0-W}^{f_0+W} V_k^*(f-f_0) x_k(f) \mathrm{d}f}{\sum_{k=0}^{K-1} \int_{f_0-W}^{f_0+W} |V_k(f-f_0)|^2 \mathrm{d}f} \tag{2-44}$$

这里为方便起见，利用已知公式［分别见式（2-20）和式（2-17）］

$$x_k(f) = \sum_{n=0}^{N-1} x(n) v_n^{(k)}(N,W)^{-\mathrm{j}2\pi fn} \text{ 和 } V_k(f) = \sum_{n=0}^{N-1} v_n^{(k)}(N,W) \mathrm{e}^{-\mathrm{j}2\pi fn}$$

以及特普利茨矩阵特征值方程

$$\sum_{m=0}^{N-1} \left[\frac{\sin 2\pi W(n-m)}{\pi(n-m)} \right] v_m^{(k)} = \lambda_k v_n^{(k)}$$

对式（2-44）的每一项进行所需的代数运算，直至方程的分母为以下形式

$$\sum_{k=0}^{K-1} \int_{f_0-W}^{f_0+W} |V_k(f-f_0)|^2 \mathrm{d}f = \sum_{k=0}^{K-1} \lambda_k \tag{2-45}$$

而方程的分子为

$$\sum_{k=0}^{K-1} \int_{f_0-W}^{f_0+W} V_k^*(f-f_0) x_k(f) \mathrm{d}f = \sum_{n=0}^{N-1} \sum_{k=0}^{K-1} \lambda_k \left[v_n^{(k)} \right]^2 x(n) \mathrm{e}^{-\mathrm{j}2\pi f_0 n} \tag{2-46}$$

通过这两个式子化简式（2-44），得到

$$\hat{\mu}(f_0) = \sum_{n=0}^{N-1} h_n x(n) \mathrm{e}^{-\mathrm{j}2\pi f_0 n}$$

其中，谐波窗口由下式定义

$$h_n = \frac{\sum_{k=0}^{K-1} \lambda_k \left[v_n^{(k)} \right]^2}{\sum_{k=0}^{K-1} \lambda_k}$$

用 $\hat{\mu}(f_0)$ 替换 μ 代入式（2-42）计算均方误差 e^2，交换求和与积分的顺序，得到

$$e^2(\hat{\mu}, f_0) = \int_{f_0-W}^{f_0+W} \left[\sum_{k=0}^{K-1} |x_k(f)|^2 - |\hat{\mu}|^2 \sum_{k=0}^{K-1} |V_k(f-f_0)|^2 \right] \mathrm{d}f$$

根据方程等号右边第一项，可得

$$Q = \sum_{k=0}^{K-1} \int_{f_0-W}^{f_0+W} |x_k(f)|^2 \mathrm{d}f$$

$$= \sum_{k=0}^{K-1} \sum_{n=0}^{N-1} \sum_{m=0}^{N-1} x(n) x^*(m) v_n^{(k)} v_m^{(k)} \left\{ \frac{\sin[2\pi(n-m)W]}{\pi(n-m)} \right\} \mathrm{e}^{-\mathrm{j}2\pi(n-m)f_0}$$

对每个频点进行三重求和将耗用大量的 CPU 运算时间，具体取决于方程中的频点数。通过相关的对称性，经过代数化简后，最终得到表达式

$$Q = 2W \sum_{k=0}^{K-1} \sum_{n=0}^{N-1} |x(n) v_n^{(k)}|^2 + 2\mathbf{Re} \left\{ \sum_{k=0}^{K-1} \sum_{n=0}^{N-2} x(n) v_n^{(k)} \sum_{l=1}^{N-n-1} x^*(l+n) v_{l+n}^{(k)} \left(\frac{\sin 2\pi l W}{\pi l} \right) \mathrm{e}^{\mathrm{j}2\pi l f_0} \right\}$$

$$\tag{2-47}$$

其中 $\mathbf{Re}\{*\}$ 表示大括号内复数的实数部分。通过预计算，特别是指数相关运算，可以把 CPU 时间减少至数分钟，得到均方误差估计

$$e^2(\hat{\mu}, f_0) = Q - |\hat{\mu}|^2 \sum_{k=0}^{K-1} \lambda_k \qquad (2-48)$$

另一个更直接、更快速计算 Q 的方法是先进行关于 k 的求和，从而建立一个数据窗口矩阵，把三重求和降至二重求和。与点回归检验完全类似，F 比由下式定义

$$F(f_0) = \frac{\dfrac{1}{v} |\hat{\mu}(f_0)|^2 \sum_{k=0}^{K-1} \lambda_k}{\dfrac{1}{2K-v} e^2(\hat{\mu}, f_0)} \qquad (2-49)$$

该方法得到的结果与点回归单谱线 F 检验类似，图 2-17（2.7.4 节末）也证明确实如此。

2.7.4　点回归双谱线 F 检验

现有模型为

$$E\{x_k(f)\} = \mu_1 V_k(f-f_1) + \mu_2 V_k(f-f_2) \qquad (2-50)$$

最小化最小二乘残差

$$e^2 = \| \boldsymbol{x} - \boldsymbol{V}\boldsymbol{\mu} \|^2$$

其中

$$\boldsymbol{x} = \begin{bmatrix} x_0(f) \\ x_1(f) \\ \vdots \\ x_{K-1}(f) \end{bmatrix}, \ \boldsymbol{\mu} = \begin{bmatrix} \mu_1 \\ \mu_2 \end{bmatrix}, \ \boldsymbol{V} = \begin{bmatrix} V_0(f-f_1) & V_0(f-f_2) \\ V_1(f-f_1) & V_1(f-f_2) \\ \vdots & \vdots \\ V_{K-1}(f-f_1) & V_{K-1}(f-f_2) \end{bmatrix} \qquad (2-51)$$

如果设

$$\boldsymbol{V}^H \boldsymbol{V} = \begin{bmatrix} d_1 & c \\ c^* & d_2 \end{bmatrix} \qquad (2-52)$$

那么最小二乘解为

$$\hat{\boldsymbol{\mu}} = (\boldsymbol{V}^H \boldsymbol{V})^{-1} \boldsymbol{V}^H \boldsymbol{x} = \frac{1}{d_1 d_2 - |c|^2} \begin{bmatrix} d_2 & -c \\ -c^* & d_1 \end{bmatrix} \begin{bmatrix} c_1 \\ c_2 \end{bmatrix} \qquad (2-53)$$

其中

$$d_1 = \sum_{k=0}^{K-1} |V_k(f-f_1)|^2, \ d_2 = \sum_{k=0}^{K-1} |V_k(f-f_2)|^2$$

$$c = \sum_{k=0}^{K-1} V_k^*(f-f_1) V_k(f-f_2)$$

$$c_1 = \sum_{k=0}^{K-1} V_k^*(f-f_1), \ c_2 = \sum_{k=0}^{K-1} V_k^*(f-f_2) x_k(f)$$

而对于检验给定频率假设的 F 检验，最多需要两条谱线以说明数据，得到

$$F(f; f_1, f_2) = \frac{1/v}{1/(2K-v)} \left[\frac{\| \boldsymbol{V}\boldsymbol{\mu} \|_{\text{double}}^2}{\| \boldsymbol{x} - \boldsymbol{V}\boldsymbol{\mu} \|_{\text{double}}^2} \right] \qquad (2-54)$$

这里为额外的参数 μ 增加了 2 个自由度，使得 $v = 4$。该检验假设某一频率对有 1~2 个谱

线分量。针对具有双谱线分量的假设修正表达式为

$$F(f; f_1, f_2) = \frac{1/(4-2)}{1/(2K-4)} \left[\frac{\| \boldsymbol{V\mu} \|_{\text{double}}^2 - \| \boldsymbol{V\mu} \|_{\text{single}}^2}{\| \boldsymbol{x} - \boldsymbol{V\mu} \|_{\text{double}}^2} \right] \qquad (2-55)$$

对于单谱线模型，参数 μ 由下式给出

$$\mu_{\text{single}} = c_1/d_1$$

和

$$\| \boldsymbol{V\mu} \|_{\text{single}}^2 = |c_1|^2/d_1$$

在最坏的情况下，引入单谱线模型项也只改变函数 F 的比例，对信号峰值位置或双谱线模型的 μ 估计并无影响。注意，双谱线模型假设的是有两根谱线，即 $f_1 \neq f_2$。如果这一条件不满足，μ 估计的分母为零。在编程时，应注意排除这一可能性。

如果 $f_1 = f$，且 $\Delta f = f_1 - f_2$ 在 $[-W, W]$ 内变化，那么可以得到关于 F 的 2 维平面，其能够分辨在窗口带宽 W 内间隔非常小的两根谱线。图 2-13～图 2-17（计算条件为时间-带宽乘积 $NW = 2$ 和 4）表明确实如此。

放大关注区域，可以看到双重谱线峰值出现在 0.2 和 0.21 处（我们知道本该如此）。事实上，图中显示这两个峰值的原因是模型把 f 和 Δf 看成独立变量。这两个峰值位于 $(f, f - \Delta f)$，当 $\Delta f = -0.01$ 时，对应 (f_1, f_2)；当 $\Delta f = 0.01$ 时，对应 (f_2, f_1)，其中 $f_1 = 0.2, f_2 = 0.21$。因为第一对与模型一致，且 F 值较大，所以选择它。这样做的优点是，可以通过把 $F(f, \Delta f)$ 最大值投影到 f 轴，从一个简单的一维函数中分辨出双谱线。

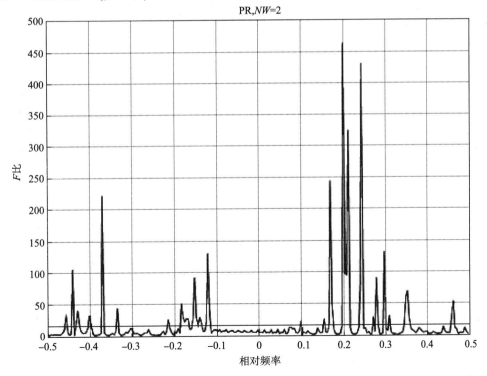

图 2-13　$F(f, \Delta f)$ 最大值在 f 轴的投影，包含 99% 置信水平曲线（其上方有一些伪峰值）。如图 2-14 所示，最大峰值主要由窗口外的能量泄漏造成

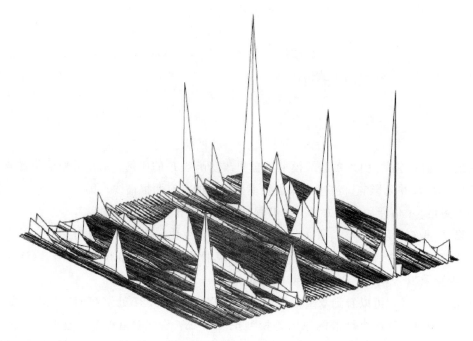

图 2-14　当 $NW = 2$ 时的点回归双谱线 F 检验。由于采用 256-FFT，图示 $F(f, \Delta f)$ 面的网格大小为 1/256。注意在窗口边界的较大峰值

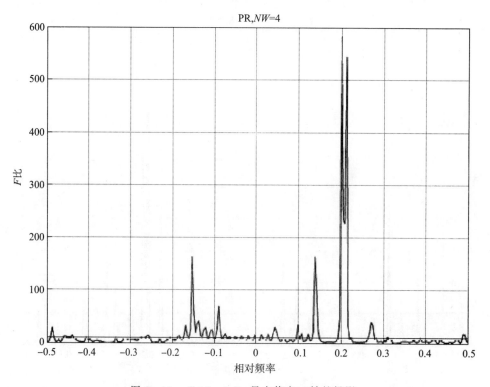

图 2-15　$F(f, \Delta f)$ 最大值在 f 轴的投影

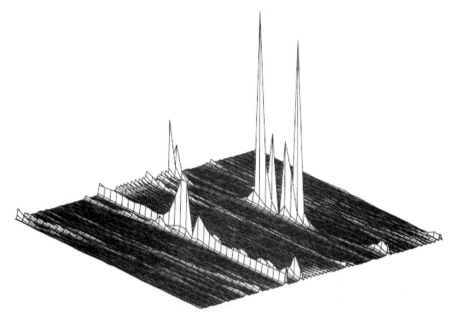

图 2－16 当 $NW = 2$ 时的点回归双谱线 F 检验，显示 $F(f, \Delta f)$ 面

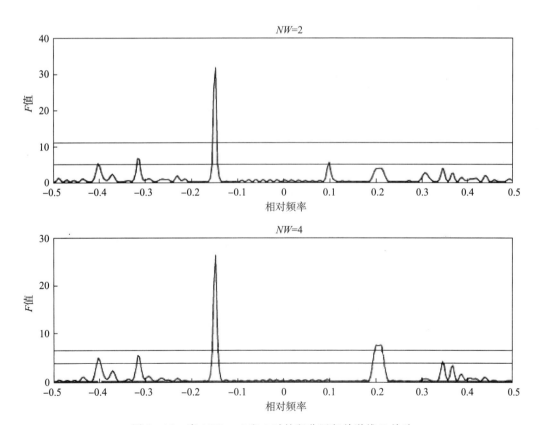

图 2－17 当 $NW = 2$ 和 4 时的积分回归单谱线 F 检验

然而需要注意伪峰值的存在，特别是在窗口边缘附近。出现这一现象的原因是滑动窗口（图 2-4）并不是理想的带通滤波器，因此，窗口外特别是窗口边界附近的能量，会对窗口内的估计产生影响。

2.7.5　积分回归双谱线 F 检验

研究模型还是

$$E\{x_k(f)\}=\mu_1 V_k(f-f_1)+\mu_2 V_k(f-f_2)$$

但是最小化准则变为

$$\min_{\mu}e^2(f_1,f_2)=\min_{\mu}\int_{f_1-W}^{f_1+W}\|x-V\mu\|^2\mathrm{d}f \tag{2-56}$$

e^2 对 μ 求微分，令结果等于零，得到

$$\int_{f_1-W}^{f_1+W}(V^\mathrm{H}V\mu-V^\mathrm{H}x)\,\mathrm{d}f=0$$

其中，直接对矩阵或相关向量每一项求积分。假设 f_2 在 (f_1-W,f_1+W) 内。各部分的表达式见 2.7.4 节。关于 μ 的最小二乘解为

$$\hat{\mu}(f_1,f_2)=\int_{f_1-W}^{f_1+W}(V^\mathrm{H}V)^{-1}V^\mathrm{H}x\,\mathrm{d}f=\frac{1}{\delta_1\delta_2-|\gamma|^2}\begin{bmatrix}\delta_2 & -\gamma \\ -\gamma^* & \delta_1\end{bmatrix}\begin{bmatrix}\gamma_1 \\ \gamma_2\end{bmatrix} \tag{2-57}$$

其中

$$\delta_1=\int_{f_1-W}^{f_1+W}d_1\mathrm{d}f=\cdots=\sum_{k=0}^{K-1}\lambda_k$$

$$\delta_2=\int_{f_1-W}^{f_1+W}d_2\mathrm{d}f=\cdots=\sum_{k=0}^{K-1}\sum_{n=0}^{N-1}\sum_{m=0}^{N-1}\upsilon_n^{(k)}\upsilon_m^{(k)}\mathrm{e}^{\mathrm{j}2\pi(n-m)(f_2-f_1)}\frac{\sin2\pi(n-m)W}{\pi(n-m)}$$

$$\gamma=\int_{f_1-W}^{f_1+W}c\,\mathrm{d}f=\cdots=\sum_{n=0}^{N-1}\sum_{k=0}^{K-1}\lambda_k\,[\upsilon_n^{(k)}]^2\mathrm{e}^{\mathrm{j}2\pi n(f_2-f_1)}$$

$$\gamma_1=\int_{f_1-W}^{f_1+W}c_1\mathrm{d}f=\cdots=\sum_{n=0}^{N-1}\sum_{k=0}^{K-1}\lambda_k\,[\upsilon_n^{(k)}]^2x(n)\mathrm{e}^{\mathrm{j}2\pi nf_1}$$

$$\gamma_2=\int_{f_1-W}^{f_1+W}c_2\mathrm{d}f=\cdots=\sum_{k=0}^{K-1}\sum_{n=0}^{N-1}\sum_{m=0}^{N-1}\upsilon_n^{(k)}\upsilon_m^{(k)}x(m)\mathrm{e}^{\mathrm{j}2[\pi(n-m)f_1-nf_2]}\frac{\sin2\pi(n-m)W}{\pi(n-m)}$$

式（2-57）变为

$$\hat{\mu}(f_1,f_2)=\frac{1}{\delta_1\delta_2-|\gamma|^2}\begin{bmatrix}\delta_2\gamma_1-\gamma\gamma_2 \\ -\gamma^*\gamma_1+\delta_1\gamma_2\end{bmatrix} \tag{2-58}$$

另外 Q 由式（2-47）得到，设 $f_0=f_1$，双谱线模型的回归误差项为

$$\zeta=\int_{f_1-W}^{f_1+W}\|V\mu\|_{\mathrm{double}}^2\mathrm{d}f=\delta_1|\mu_1|^2+\delta_2|\mu_2|^2+2\mathrm{Re}\{\gamma\mu_1^*\mu_2\}$$

另一方面，对于单谱线模型，有

$$\int_{f_1-W}^{f_1+W}\|V\mu\|_{\mathrm{single}}^2\mathrm{d}f=|\gamma_1|^2/\delta_1$$

最终得到 F 检验的表达式为

$$F(f_1,f_2)=\frac{1/4}{1/(2K-4)}\left[\frac{\zeta}{Q-\zeta}\right] \tag{2-59}$$

或

$$F(f_1,f_2)=\frac{1/(4-2)}{1/(2K-4)}\left[\frac{\zeta-|\gamma_1|^2/\delta_1}{Q-\zeta}\right] \tag{2-60}$$

式（2-59）可检验单谱线或双谱线的存在，而式（2-60）只能检验双谱线的存在。

如果再一次允许 f_1 在整个频段内变化，那么 f_2 在 (f_1-W,f_1+W) 内变化。如图 2-18 和图 2-19（$NW=2$）所示，双谱线问题解决了，而且伪峰值问题也消失了。图 2-20 和图 2-21 为 $NW=4$ 时的相应结果。

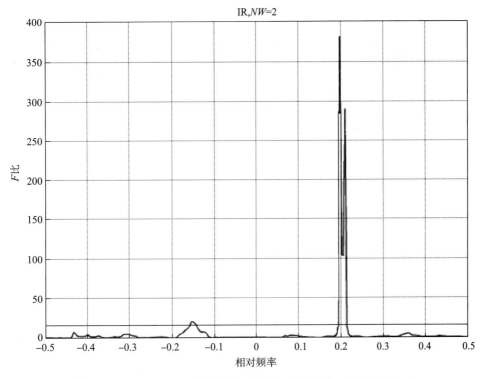

图 2-18　$F(f,\Delta f)$ 最大值在 f 轴的投影。注意，不存在伪峰值

2.7.6　谱线分量提取

频谱估计的下一步是提取谱线分量，使得剩下研究部分仅为连续频谱。对于无谱线分量的剩余频谱，特征系数 $y_k(f)$ 应满足

$$\boldsymbol{E}\{y_k(f)\}=0$$

并与原来的第 k 个特征系数 $x_k(f)$ 相关

$$y_k(f)=x_k(f)-\sum_i\hat{\mu}(f_i)V_k(f-f_i) \tag{2-61}$$

这表明对于任意 n，数据向量可改为

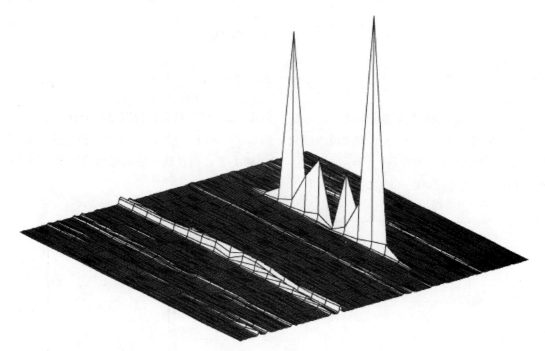

图 2-19　当 $NW = 2$ 时的积分回归双谱线 F 检验，显示 $F(f, \Delta f)$ 面，小隆起表示 0.15 附近的单谱线

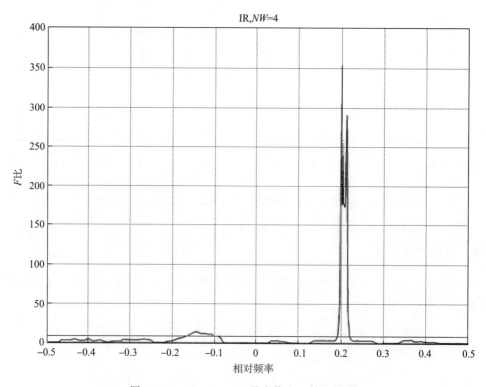

图 2-20　$F(f, \Delta f)$ 最大值在 f 轴的投影

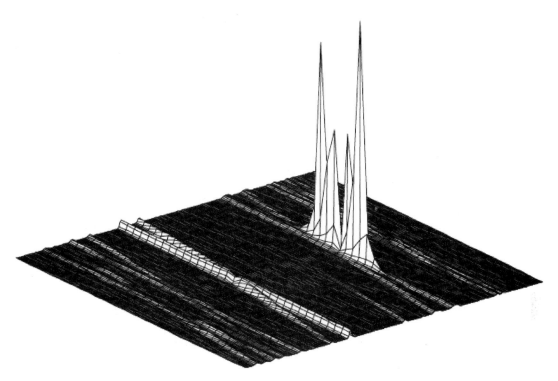

图 2-21　当 $NW = 4$ 时的积分回归双谱线 $F(f, \Delta f)$

$$y(n) = x(n) - \sum_i \mu_i e^{j2\pi n f_i} \tag{2-62}$$

其中，$\mu_i = \hat{\mu}(f_i)$。Thomson 在参考文献 [36] 中给出

$$S(f) = |\hat{\mu}(f_0)|^2 \delta(f - f_0) + S_r(f) \tag{2-63}$$

以在 f_0 谱线分量附近重新形成频谱，其中 $S_r(f)$ 为提取特定谱线分量后的剩余频谱。在参考文献 [3] 中指出，运算时应十分小心，以保持功率数值不变。在估计剩余频谱之后，不能只是在 f_0 处保持 $|\hat{\mu}(f_0)|^2$。由于式（2-63）为功率密度关系式，通过积分可得

$$\hat{\sigma}^2 = \sum_i \hat{\sigma}_i^2 + \hat{\sigma}_r^2 \tag{2-64}$$

式中，$\hat{\sigma}^2$ 是初始过程方差估计；$\hat{\sigma}_r^2$ 为式（2-62）所得剩余过程的相应估计；$\hat{\sigma}_i^2$ 是对应第 i 个谱线分量的功率。从总功率中减去剩余功率以得到特定 $\hat{\sigma}_i^2$ 的方法对舍入误差非常敏感。因此，在实现时，这一方法只能用于获得对应全部 4 个谱线分量的总功率（也就是当提取所有谱线分量时，从估计方差中减去初始方差）。于是，按照 $|\hat{\mu}(f_i)|^2$ 比值，把功率分配给 4 个分量，从而体现较好的鲁棒性。由于频谱 $S(f)$ 为功率密度，假设它的每个功率分量都等于宽度为 W 的频谱窗口的矩形面积，此频谱窗口用于 μ 估计，这样矩形窗的高度就可以作为谱线估计中分配比例的依据。Thomson 还建议把谱线分量设定为类似 F 谱线的形状，那么谱线的宽度与估计的频率不确定性成比例（这里不采用此方法是因为所用的 FFT 网格只有 256 个点，F 宽度约等于 1/256）。

　　为了计算式（2-62），需要得到 μ_i 和 f_i 的最优估计，以最小化减法误差。对于单谱

线检验的单变量 F 函数，可采用黄金分割搜索方法获得 F 的最大值。这与二分法求解类似。对于双谱线检验，可采用多变量最优化方法，此处采用胡克（Hooke）和吉夫斯（Jeeves）直接搜索法（见参考文献［11］和［14］）。但是上述两种情形求解方法的选择取决于个人偏好。

μ_i 和 f_i 的参数估计结果见表 2-2 和表 2-3。图 2-22 为移除双谱线时的剩余单谱线 F 检测。然后得到较优的单谱线估计，并把它们从原始数据集中提取出去，再次进行双谱线估计（见表 2-3）。实际上，运用较大的 F 值进行迭代抽取谱线可以改善用较小 F 值得到的估计。对于更为复杂的数据集，必须采用这一方法。

表 2-2 μ_i 和 f_i 初始估计

	第一条单谱线	第二条单谱线	第一对双谱线	第二对双谱线
已知频率	−0.15	0.1	0.2	0.21
99％置信水平	10.92	10.92	15.98	15.98
点回归				
估计频率	−0.150 8	0.096 5	0.199 5	0.210 0
F 比	66.7	17.4	8 978.0	8 978.0
μ	0.073 4−j0.065 4	0.004 2+j0.102 7	0.215 8+j0.933 5	0.297 7+j0.921 1
积分回归				
估计频率	−0.150 1	0.096 8	0.199 7	0.209 9
F 比	49.6	5.61	1 185.0	1 185.0
μ	0.066 2−j0.072 6	0.002 7+j0.109 4	0.249 1+j0.940 4	0.263 2+j0.940 3

注：时间−带宽 $NW=2$。初始平均值和方差分别为 −0.025+j0.102 4 和 1.780。

表 2-3 μ_i 和 f_i 最终估计

	第一条单谱线	第二条单谱线	第一对双谱线	第二对双谱线
点回归				
估计频率	−0.149 9	0.100 2	0.199 6	0.109 9
F 比	304.7	3 040.0	10 017.0	10 017.0
μ	0.059 6−j0.082 9	0.083 9+j0.056 8	0.235 7+j0.936 2	0.277 4+j0.935 9
积分回归				
估计频率	−0.149 9	0.100 1	0.199 7	0.209 8
F 比	201.7	915.9	1 142.0	1 142.0
μ	0.060 6−j0.083 9	0.084 3+j0.058 1	0.271 2+j0.943 7	0.238 0+j0.956 1

注：对于点回归，剩余平均值和方差分别为 0.003 6−j0.000 7 和 0.182 1；对于积分回归，分别为 0.003 8−j0.000 7 和 0.181 7。

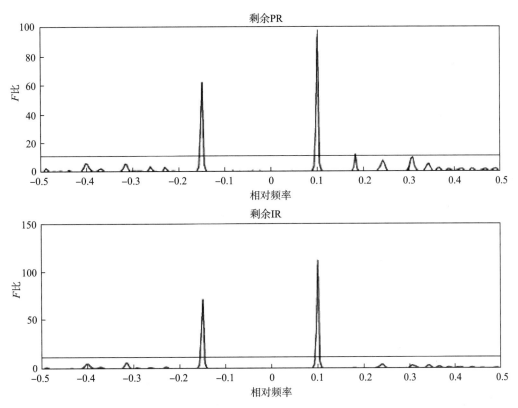

图 2-22　当移除双谱线初始估计时的剩余单谱线 F 检验。连续谱线为 99% 置信水平。

注意，在积分回归版 F 检验中，伪峰值高度降低不少

对比点回归和积分回归参数值，可以发现，最终谱线分量估计之间没有明显差异。但是，点回归的计算机运算速度较快，而积分回归在伪峰值方面[①]较为稳定。图 2-23 中的重构谱与图 2-6 的理论谱非常吻合。后者的值范围最小只到 −50 dB，唯一的问题是连续有色噪声分量泄漏出 ±0.2 频带边界。造成这一问题的原因是低通滤波器矩形窗口的特性，Thomson 在参考文献 [36] 中提出的补救方法是运用复合谱估计器进行修正。图 2-24 所示为应用这一补救方法的结果，它确实减轻了泄漏问题，显示了更合理的有色噪声结构。注意，由于限定只实现随机过程一次，这一新的结构预计更容易实现。

2.7.7　预白化

预白化的重要性难以在实例中体现。实质上，预白化通过对数据进行滤波减小频谱的动态范围，使剩余频谱近似为平滑的或白色的。这样，较强分量的泄漏减少，可以更容易地分辨精细的弱分量结构。无论如何，大部分频谱估计理论都假设从平滑的、几乎白色的频谱开始。

---

　　① 值得做的是对积分回归进行约束，使积分回归可以利用已知特征系数进行数值计算。这必然会缩短检验中二次和三次求和计算所需的执行时间。

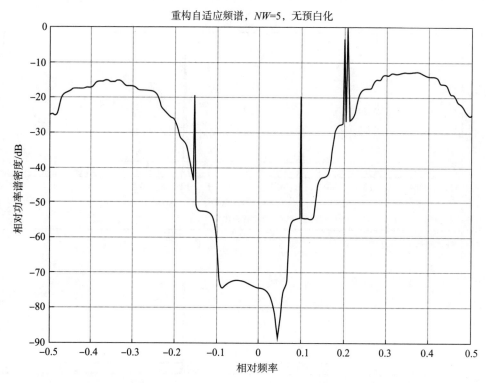

图 2-23　无预白化的自适应频谱重构。除了少许超出±0.2频带边界的有色噪声泄漏外，
其他与理论解析形式非常吻合

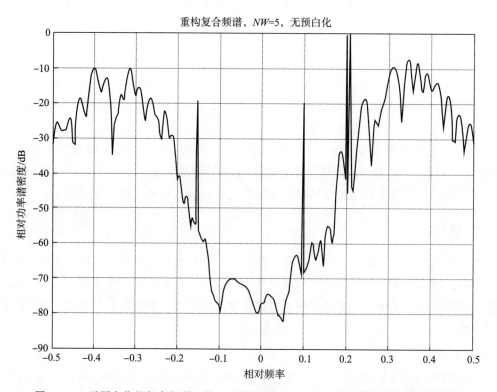

图 2-24　无预白化的复合频谱重构。泄漏问题减轻，有色噪声分量结构明显更稳定

为了白化过程 $\{y(n)\}_{n=1}^{N}$ ，普遍采用的方法是使它通过线性预测滤波器。这等同于 AR 模型假设，如果为真，而且滤波器阶数与 AR 的相同，那么滤波器的输出 $\{r(n)\}$ （即新过程）将为白噪声过程。如果为假，那么频谱范围缩小，新过程上任意精细结构则可以更容易地提取出来。实质上，采用了系统辨识方法。AR 模型如此受欢迎的原因很简单：它是线性的，比 MA 或完全 ARMA 模型[①]更容易求解。

应当强调的是，AR 滤波器只是用来预白化，不用于频谱估计。它只是简单地对一些数据进行预处理，使 MTM （或其他处理此类问题的频谱估计方法）所处理数据的特性与假设特性更接近，从而获得更优的中间频谱估计。在中间频谱估计的结果上利用"逆滤波器"可以移除 AR 滤波器产生的影响。还需要注意的是，预白化数据不必是纯白色频谱，只要求相对平滑。

因此，假设

$$y(n) = -\sum_{k=1}^{p} a_k y(n-k) + r(n)$$

式中，a_k 为 AR 系数；p 表示模型阶数。根据下式

$$\hat{S}_y(f) = \frac{\hat{S}_r(f)}{\left| 1 + \sum_{k=1}^{p} a_k e^{-j2\pi fk} \right|^2} \tag{2-65}$$

运用 MTM 和 $S_y(f)$ 估计计算剩余频谱 $\hat{S}_r(f)$ 。AR 系数估计采用修正的方差，同时最小化前向和后向预测误差。Marple 在参考文献 [22] 中宣称，虽然不能保证综合的滤波器的相位最小，但是这一方法似乎是最优的。另外，他还提供了一个实现程序（在其他方法中），即这里使用的程序。注意，该方法的特点是后向误差系数为前向误差系数的复共轭。运用 AR 参数识别后者，则不需要假设零初始条件就可计算残差，其将瞬态误差引入过程中

$$r(n) = \begin{cases} y(n) + \sum\limits_{k=1}^{p} a_k y(n-k) & n = p+1, \cdots, N \\ y(n) + \sum\limits_{k=1}^{p} a_k^* y(n+k) & n = 1, \cdots, p \end{cases} \tag{2-66}$$

同时，没有缩小给定时间序列的样本大小。

分别通过自适应重构和复合重构方法，可以直接实现上述方程，得到如图 2-25 和图 2-26 所示结果，所用参数为 $NW = 5$ 及 AR（4）模型。预白化可以获得实际期望的稳定有色噪声结构。注意，在复合频谱情况下，可观察到某些频率上的剩余频谱增大，很明显是单根谱线没有全部提取。预白化可以显露这一细节。还要注意，如果在估计谱线分量之前进行预白化，并试图用预白化数据估计谱线分量，确实可以看到较弱单谱线分量有所改善。然而，较强的双谱线被 AR 滤波器移除。这说明，这里所描述的方法只能用于估计弱功率谱线分量。

---

① 在参考文献 [19] 中，作者提到正在研究完全 ARMA 案例的一般化。

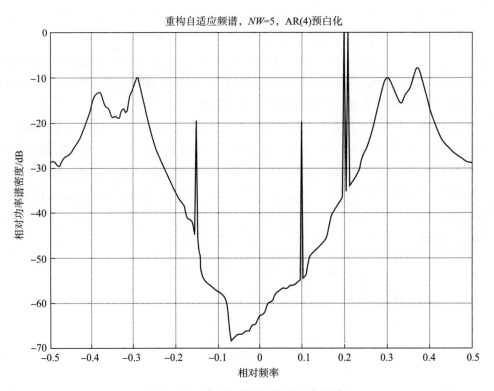

图 2-25　有预白化的重构自适应频谱

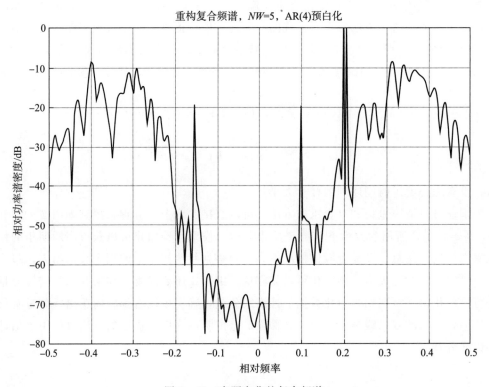

图 2-26　有预白化的复合频谱

将图 2-23～图 2-26 与理想频谱图 2-6 相比较，可以发现，最匹配的是图 2-23，这似乎说明预白化不能改进估计。这与运用其他数据集和频谱的情况不同。预白化通常都能获得较优的频谱估计。运用 Marple 数据集造成的差异很可能是巧合。平滑的椭球面窗口碰巧出现了，然后获得与理想频谱非常接近的最终频谱。观察图 2-7 所示的经典频谱估计结果，有色噪声分量特别是汉明频谱，也有类似的情况。毫无疑问，预白化可以产生更准确的单快照频谱估计图像，但是，此时碰巧出现了非预白化频谱估计更接近理想频谱的情况。

在参考文献［35］和［19］中，论述了基于真实数据附加单个异常值模型上实现鲁棒预白化的情形。文章假设观测值 $\{y_n\}_{n=1}^{N}$ 包含所关心的过程 $\{x_n\}_{n=1}^{N}$ 和偶然异常值 $\{e_n\}_{n=1}^{N}$

$$y_n = x_n + e_n$$

并提出了一种迭代方法。参考文献［23］对此做了进一步的改进。这有益于把该方法扩展于复数据，使预白化更加鲁棒，但这里不做详述。

2.7.8　多快照

在实际情况中，通常可用快照数据超过 1 次。由于过程本质上属于随机过程，可以把频谱估计中所有快照融合为单一的总结果。注意，对每次快照进行简单平均并不是最优的方法。较合适的归纳方法如下所述。

对于单个数据向量 $\{x_n\}_1^{N}$，计算 K 个特征系数 $x_k(f)$，并从中估计单独的特征频谱 $\hat{S}_k(f) = |x_k(f)|^2$。归纳为 N_s 个数据向量（快照）$\{x(n, n_s)\}$，$n = 1, \cdots, N$ 和 $n_s = 1, \cdots, N_s$，平均特征频谱为

$$\hat{S}_k(f) = \frac{1}{N_s}\sum_{n_s=1}^{N_s} |x_k(f\,|\,n_s)|^2$$

这就是用于自适应和复合频谱估计程序的值。

F 检验也可以进行略微的改动。下面对多快照点回归 F 检验进行论述。积分回归情形与之类似。

2.7.9　多快照单谱线点回归 F 检验

对于单谱线点回归情形，准则都相同。已知频率 f_0 上的谱线分量，特征系数期望值为

$$\boldsymbol{E}\{x_k(f\,|\,n_s)\} = \mu V_k(f - f_0)$$

其中包含所有 N_s 次快照。必须最小化的残差为 $\|\boldsymbol{x} - \boldsymbol{U}\mu\|^2$，其中

$$
\boldsymbol{x} = \begin{bmatrix} x_0(f\,|\,1) \\ \vdots \\ x_{K-1}(f\,|\,1) \\ \vdots \\ x_0(f\,|\,N_s) \\ \vdots \\ x_{K-1}(f\,|\,N_s) \end{bmatrix}, \quad \mu = \mu, \quad \boldsymbol{V} = \begin{bmatrix} V_0(f-f_0) \\ V_1(f-f_0) \\ \vdots \\ V_{K-1}(f-f_0) \end{bmatrix}, \quad \boldsymbol{U} = \begin{bmatrix} \boldsymbol{V} \\ \boldsymbol{V} \\ \vdots \\ \boldsymbol{V} \end{bmatrix}
$$

数据向量 $\boldsymbol{x}$ 现为 $KN_s \times 1$ 维复向量，μ 还是为 1×1 复标量，$\boldsymbol{V}$ 同样为 $K \times 1$ 维复向量，而 $\boldsymbol{U}$ 为引入量，含 N_s 个相同的 $\boldsymbol{V}$ 向量。

频率 f 上的残差可写为平方项分量形式

$$
e^2(\mu,f) = \sum_{n_s=0}^{N_s} \sum_{k=0}^{K-1} |x_k(f\,|\,n_s) - \mu(f)V_k(0)|^2
$$

其最小二乘解为

$$
\hat{\mu} = (\boldsymbol{U}^{\mathrm{H}}\boldsymbol{U})^{-1}\boldsymbol{U}^{\mathrm{H}}\boldsymbol{x} = \hat{\mu}(f) = \frac{\displaystyle\sum_{n_s=1}^{N_s}\sum_{k=0}^{K-1}V_k^*(0)x_k(f\,|\,n_s)}{N_s\displaystyle\sum_{k=0}^{K-1}|V_k(0)|^2}
$$

该表达式还可以简写为

$$
\hat{\mu}(f) = \sum_{n=0}^{N-1} h_n(N,W)\bar{x}(n)\mathrm{e}^{-\mathrm{j}2\pi fn}
$$

第 n 个谐波数据窗口由下式定义

$$
h_n(N,W) = \frac{\displaystyle\sum_{k=0}^{K-1}V_k^*(0)v_n^{(k)}(N,W)}{\displaystyle\sum_{k=0}^{K-1}|V_k(0)|^2}
$$

这与单快照情形一样，见式（2-40）。但是，现有相干平均数

$$
\bar{x}(n) = \frac{1}{N_s}\sum_{n_s=1}^{N_s} x(n\,|\,n_s)
$$

相应地，F 比由下式定义

$$
F(f) = \frac{\dfrac{1}{v_1}\|\boldsymbol{U}\mu\|^2}{\dfrac{1}{v_2}\|\boldsymbol{x} - (\boldsymbol{U})\mu\|^2}
$$

或

$$
F(f) = \frac{\dfrac{1}{v}|\hat{\mu}(f)|^2 N_s\displaystyle\sum_{k=0}^{K-1}|V_k(0)|^2}{\dfrac{1}{2K-v}\displaystyle\sum_{n_s=1}^{N_s}\sum_{k=0}^{K-1}|x_k(f\,|\,n_s) - \mu(f)V_k(0)|^2}
$$

其中 v 再次有 2 个自由度。这里把自由度总数 v_{tot} 设为等于旧值 $2K$，属于最差的情形。虽然现有 KN_s 个可用于提取信息的复数据，但是在多快照 F 检验中运用值 $v_{tot} = 2KN_s$ 与试验数据（见后面的章节），得到的是量阶大于 99% 置信水平的较大 F 值，这不合理。虽然可以拥有更多的自由度，但是数据快照各自的独立性不足以赋值 $v_{tot} = 2KN_s$。v_{tot} 的值大概在 $2K < v_{tot} < 2KN_s$ 之间比较合适。在参考文献［38］第 565 页，Thomson 指出有效的自由度数量由更复杂的表达式确定，而且确实小于 KN_s（这里不进行公式推导）。

实际上，只有在选定适当的显著水平时，才需要确切的自由度。按照现在的检验方法，可以检测不同 F 峰值的相对高度。由于已知数量和近似位置，可以在这一区域简单地分辨出最大峰值。在 2.8 节和 2.9 节研究的真实数据情形中，可以看到，利用这一方法可以获得极好的谱线频率及复振幅估计。然而，未来检验其他可能谱线分量的存在时，这一问题必须解决。

2.7.10　多快照双谱线点回归 F 检验

双谱线检验也出现类似的变化。准则与前面的类似，即

$$E\{x_k(f \mid n_s)\} = \mu_1 V_k(f - f_1) + \mu_2 V_k(f - f_2)$$

其中包含所有 N_s 次快照。必须最小化的残差为 $\| x - U\mu \|^2$，其中

$$x = \begin{bmatrix} x_0(f \mid 1) \\ \vdots \\ x_{K-1}(f \mid 1) \\ \vdots \\ x_0(f \mid N_s) \\ \vdots \\ x_{K-1}(f \mid N_s) \end{bmatrix}$$

$$\mu = \begin{bmatrix} \mu_1 \\ \mu_2 \end{bmatrix}$$

$$V = \begin{bmatrix} V_0(f - f_1) & V_0(f - f_2) \\ V_1(f - f_1) & V_0(f - f_2) \\ \vdots & \vdots \\ V_{K-1}(f - f_1) & V_{K-1}(f - f_2) \end{bmatrix}$$

$$U = \begin{bmatrix} V \\ V \\ \vdots \\ V \end{bmatrix}$$

如果再一次，同单快照情形一样

$$V^H V = \begin{bmatrix} d_1 & c \\ c^* & d_2 \end{bmatrix}$$

那么最小二乘解为

$$\boldsymbol{\mu} = (\boldsymbol{U}^H \boldsymbol{U})^{-1} \boldsymbol{U}^H \boldsymbol{x} = \frac{1}{d_1 d_2 - |c|^2} \begin{bmatrix} d_2 & -c \\ -c^* & d_1 \end{bmatrix} \begin{bmatrix} c_1 \\ c_2 \end{bmatrix}$$

其中

$$d_1 = \sum_{k=0}^{K-1} |V_k(f-f_1)|^2, \quad d_2 = \sum_{k=0}^{K-1} |V_k(f-f_2)|^2$$

$$c = \sum_{k=0}^{K-1} V_k^*(f-f_1) V_k(f-f_2)$$

$$c_1 = \frac{1}{N_s} \sum_{n_s=1}^{N_s} \sum_{k=0}^{K-1} V_k^*(f-f_1) x_k(f|n_s)$$

$$c_2 = \frac{1}{N_s} \sum_{n_s=1}^{N_s} \sum_{k=0}^{K-1} V_k^*(f-f_2) x_k(f|n_s)$$

对于在给定频率上需要两条谱线说明数据的假设，F 检验变为

$$F(f;f_1,f_2) = \frac{1/(v_1-v_2)}{1/(2K-v_1)} \left[\frac{\|\boldsymbol{U\mu}\|_{\text{double}}^2 - \|\boldsymbol{U\mu}\|_{\text{single}}^2}{\|\boldsymbol{x}-\boldsymbol{U\mu}\|_{\text{double}}^2} \right]$$

单谱线模型参数 μ 由下式定义

$$\mu_{\text{single}} = c_1/d_1$$

和

$$\|\boldsymbol{U\mu}\|_{\text{single}}^2 = N_s |c_1|^2/d_1$$

此时

$$\|\boldsymbol{U\mu}\|_{\text{single}}^2 = N_s \sum_{k=0}^{K-1} |V_k(0)\mu_1 + V_k(f-f_2)\mu_2|^2$$

观测结果与前面的类似，也适用于有效自由度数 v_{tot}。

2.8　用于低仰角跟踪雷达研究的试验数据描述

　　本节研究将多窗谱方法应用于低仰角跟踪雷达环境中的真实孔径采样数据。试验数据的采集站点位于安大略布鲁斯半岛西海岸休伦湖东头的多克斯（Dorcas）湾口，靠近托博莫尔（Tobermory）。之所以选择这个特定位置，是因为那里通常遇到较大的海况，其是由西风、近岸浅水区[①]、跨休伦湖长浪区的联合作用形成的。发射机与接收机相距 $L = 4.61\,\text{km}$，距水边都在 10 m 以内。图 2-27 为路径示意图。接收机固定在塔顶，中心离水面高度为 h_r；而发射机高度可调，为 h_t。

　　发射机包含两个喇叭天线，一个在上，另一个在下。上面的天线设置为水平（H）极化，下面的设为垂直（V）极化。每个喇叭天线还能以不同频率发射，实现频率捷变。对

――――――――――――

　　① 沿发射路径的最大深度为 12 m。

于后者，两种不同频率的信号同时发射。一个信号的频率始终固定在 10.2 GHz，另一个信号以 30 MHz 步长按公式 $8.02 + 0.03p$ GHz 在 $8.02 \sim 12.34$ GHz 之间变化。在捷变通道中，运用测标数 p 控制频率步长大小。

发射信号的可用选项如下：

1）当需要水平极化信号时，上部的 H 天线发射定频和变频混合信号，下部天线空闲。

2）当需要 H 和 V 双极化信号时，H 天线发射变频信号，V 天线发射定频信号。

3）当需要垂直极化信号时，H 天线空闲，V 天线发射定频和变频混合信号。

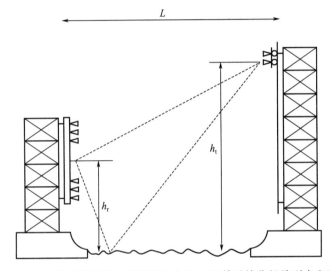

图 2-27　路径示意图：发射机在右边，32 单元接收机阵列在左边

如第 1 章所述，先由恒温工作的高稳定 5 MHz 晶体振荡器通过锁相产生微波信号源。然后，利用最大增益 40 dB 的行波管放大器（TWTA）对源信号进行放大，把放大信号馈给发射机天线。发射机采用 PC-XT 微型计算机实现系统控制，调节发射频率、TWTA 增益和托架高度。

如引言所述，接收机为 32 单元的线性阵列，是 MARS（表 2-4）的主要部件。更具体地说，MARS 是一个相干、孔径采样、线性接收机阵列（垂直定向）的信号处理系统，由 32 对水平极化标准增益喇叭天线组成。每对天线对应一个阵列单元，在需要时，通过选择发射信号极化方式，如极化分集、HH 或 VH，实现频率捷变等。

所有接收机单元共享 RF、IF 本机振荡器和 RF 测试信号发生器。由于需要相干接收，每个接收机天线后接有正交解调器，从而可以提取相位信息。

接收机采用微型电子计算机进行系统控制，以实现完全自动化的数据采集功能。在每次试验中，只需要把期望的物理条件参数输入计算机，计算机就可以相应地调节捷变通道的 RF 本机振荡器频率、IF 放大器增益、I 和 Q 通道的低通滤波器带宽、采样器的采样率，以及通过无线链路向发射机计算机发送指令，控制发射机操作。大部分的数据以 62.5 Hz 的采样率采样，相当于在基带频率上每周期 8 个采样点。通过精度 12 bit 的 A-D

转换器数字化后，这些数据被保存到硬盘，用于离线处理。

表 2-4　休伦湖试验用 MARS 的指标

发射机

- 100 mW CW 进入第一个或第二个 22dB 喇叭天线；
- 同时双频；
- 双极化(H 或 V)可选；
- 发射机高度 h_t 可调

天线阵列

- 垂直放置的 32 单元线性阵列；
- 阵列孔径 1.82 m，单元间距 5.715 cm；
- 阵列加工误差范围为 ±0.1 mm；
- 多频能力，8.02~12.34 GHz，步长 30 MHz

接收机单元

- 每个阵列单元 2 个接收机通道；
- 天线阵列单元为 10 dB 水平极化喇叭天线；
- ≈25 dB 额定交叉极化抑制比；
- 相干解调，秒级的频率稳定度达到 10^{-12}；
- 0.1 Hz 多普勒分辨率；
- 1 Hz~2 kHz 采样率能力

　　数据按照极化方式分为三组：同极化、双极化和交叉极化。名称前 4 个字符表示采集日期，如 nov3。接下来两个字符表示组别，如 dh 表示发射和接收都是 H 极化的同极化组，dd 表示发射双极化的双极化组，dv 表示只接收交叉极化信号的交叉极化组，cff 表示远场孔径标定数据集。

　　极化名称后的数字只是数据集索引，表示同一天所采集类似数据集的顺序。数据集索引的后面是数据子集编号。例如，nov3:dd1.dat:2 表示 11 月 3 日采集的双极化数据集的第二子集，是当天所采集组别数据的第一个数据集。通常，每个数据集有 16 个子集，每个数据子集有 127 个快照（相当于 2s 的数据）。表 2-5 为运用 MARS 采集的一些样本数据集。

表 2-5　MTM 用单独试验数据集示例[①]

数据集	频率/GHz	间距(带宽)	h_r/m	h_t/m
1. nov4:dh9.dat:1	8.05	0.320	8.64	15.53
2. nov3:dh4.dat:3	8.62	0.218	8.67	9.59
3. nov3:dh6.dat:7	9.76	0.247	8.67	9.59
4. nov3:dd1.dat:2	10.12	0.468	8.67	18.06
5. nov3:dh4.dat:16	12.34	0.312	8.67	9.59

注：①在所有情形中，发射机与接收机相距 4.61 km。

　　数据经过仔细校准，包括利用已知的单频信号校正同相与正交支路（IQ 校准），以及运用远场技术校正孔径（孔径校准）（详见参考文献 [8]）。在 2.9 节中，重点说明不同频率和掠射角的 HH 极化数据。所用数据集见表 2-5。注意，采用的是球形地球模型[16,P4]。该模型运用正常传播条件假设计算直达分量和镜像分量之间的预期角距——采用的地球半径为实际值的 4/3。由于天线塔不受因风作用而造成的阵列天线倾斜影响，因此可以运用这一量值更好地进行预期和估计结果比较。

2.9　到达角（AOA）估计

基于 MARS 数据库，采用多窗谱法（MTM）和最大似然（ML）法，逐个快照地估计到达角。选择 ML 法的原因是，它通常可以作为衡量所有现代参数方法的标准。为了指明 AOA 估计过程中可能存在的影响，如漫射多路径等，ML 法使用了白噪声背景下有两个入射平面波的先验知识，而 MTM 隐含地认为存在漫射多路径影响。于是，噪声协方差矩阵为对角矩阵，最大化对数似然函数对应最小化下式

$$\min_{\boldsymbol{\Phi}} \| \boldsymbol{x} - \boldsymbol{s} \|^2 \qquad (2-67)$$

这属于非线性最小平方问题，其中 $\boldsymbol{\Phi}$ 为参数向量，$\boldsymbol{x}$ 为数据向量，$\boldsymbol{s}$ 为信号模型。用矩阵积的形式表示信号向量

$$\boldsymbol{s} = \boldsymbol{A}\boldsymbol{a} \qquad (2-68)$$

式中，$\boldsymbol{A}$ 为模型引入非线性的参数函数；$\boldsymbol{a}$ 为引入线性的参数函数。于是，式（2-67）变为

$$\min_{\boldsymbol{\Phi}} \| \boldsymbol{x} - \boldsymbol{A}\boldsymbol{a} \|^2 \qquad (2-69)$$

把 $\boldsymbol{\Phi}$ 分成线性和非线性子集，可以帮助把非线性最小平方估计问题（2-67）分解为线性最小平方问题和较容易求解的非线性问题。步骤如下：在极小值时，$\boldsymbol{a} = \hat{\boldsymbol{a}}$，剩余向量 $\boldsymbol{x} - \boldsymbol{A}\hat{\boldsymbol{a}}$ 与乘积项 $\boldsymbol{A}\boldsymbol{a}$ 正交，因此

$$(\boldsymbol{A}\boldsymbol{a})^{\mathrm{H}}(\boldsymbol{x} - \boldsymbol{A}\hat{\boldsymbol{a}}) = 0 \qquad (2-70)$$

和

$$\hat{\boldsymbol{a}} = \boldsymbol{A}^+ \boldsymbol{x} = (\boldsymbol{A}^{\mathrm{H}}\boldsymbol{A})^{-1} \boldsymbol{A}^{\mathrm{H}}\boldsymbol{A} \qquad (2-71)$$

另外，根据式（2-69）可得

$$\| \boldsymbol{x} - \boldsymbol{A}\boldsymbol{a} \|^2 = (\boldsymbol{x} - \boldsymbol{A}\boldsymbol{a})^{\mathrm{H}}(\boldsymbol{x} - \boldsymbol{A}\boldsymbol{a})$$
$$= [\boldsymbol{x}^{\mathrm{H}} - (\boldsymbol{A}\boldsymbol{a})^{\mathrm{H}}](\boldsymbol{x} - \boldsymbol{A}\boldsymbol{a})$$
$$= \boldsymbol{x}^{\mathrm{H}}\boldsymbol{x} - \boldsymbol{x}^{\mathrm{H}}\boldsymbol{A}\boldsymbol{a} - (\boldsymbol{A}\boldsymbol{a})^{\mathrm{H}}(\boldsymbol{x} - \boldsymbol{A}\boldsymbol{a})$$

在极小值时，$\boldsymbol{a} = \hat{\boldsymbol{a}}$，根据式（2-70）得最后一项为零。因此，条件式（2-69）变为

$$\max_{\boldsymbol{A}} \boldsymbol{x}^{\mathrm{H}}\boldsymbol{A}\boldsymbol{A}^+ \boldsymbol{x} \qquad (2-72)$$

因此，最大化在非线性参数子集上进行。在此类问题中，首先求解式（2-72），然后求解式（2-71），此时它已经成为了简单的线性问题。

对于两个平面波同时入射到 M 个单元阵列的情形，以阵列中心单元作为参考，第 m 个单元的信号模型为

$$s(m) = a_1 \mathrm{e}^{\mathrm{j}[m-(M+1)/2]\phi_1} + a_2 \mathrm{e}^{\mathrm{j}[m-(M+1)/2]\phi_2}, \quad m = 1,\cdots,M \qquad (2-73)$$

其中 ϕ 为电相位角或空间波数，其定义见参考文献 [10]

$$\phi = \left(\frac{2\pi d}{\lambda}\right)\sin\theta$$

式中，d 为阵列单元间距；λ 为信号波长；θ 为入射平面波物理到达方向。

可以看到，信号在复振幅 a_1 和 a_2 上为线性，在相位角 ϕ_1 和 ϕ_2 上为非线性。为得到向量表达式，定义到达方向（DOA）向量为

$$\boldsymbol{d}(\phi) = \left[\mathrm{e}^{\mathrm{j}\,[1-(M+1)/2]\,\phi}, \mathrm{e}^{\mathrm{j}\,[2-(M+1)/2]\,\phi}, \cdots, \mathrm{e}^{\mathrm{j}\,[M-(M+1)/2]\,\phi} \right]^{\mathrm{T}} \tag{2-74}$$

此时，入射平面波数量 $K=2$ 的方向矩阵为

$$\boldsymbol{A} = [\boldsymbol{d}(\phi_1), \boldsymbol{d}(\phi_2)]$$

信号振幅向量为

$$\boldsymbol{a} = [a_1, a_2]^{\mathrm{T}}$$

于是，信号向量跟前面一样表示为 $\boldsymbol{s} = \boldsymbol{Aa}$，并以求解式（2-72）和式（2-71）结束。还可以定义复标量实现进一步简化

$$D_k = \boldsymbol{d}^{\mathrm{H}}(\phi_k)\boldsymbol{x} \text{ 和 } p = \boldsymbol{d}^{\mathrm{H}}(\phi_1)\boldsymbol{d}(\phi_2)$$

其中，$k=1$，2。于是，得到

$$\boldsymbol{A}^{\mathrm{H}}\boldsymbol{x} = [D_1 \quad D_2]^{\mathrm{T}}$$

和

$$(\boldsymbol{A}^{\mathrm{H}}\boldsymbol{A})^{-1} = \begin{pmatrix} M & p \\ p^* & M \end{pmatrix}^{-1} = (M^2 - pp^*)^{-1}\begin{pmatrix} M & -p \\ -p^* & M \end{pmatrix}$$

现在，非线性问题变换为最大化问题，需最大化实数标量函数

$$f(\phi_1, \phi_2) = \frac{|D_1|^2 + |D_2|^2 - 2\mathbf{Re}[pD_1^* D_2/M]}{M^2 - |p|^2} \tag{2-75}$$

期望 AOA 为最大化 $f(\phi_1, \phi_2)$ 的值 ϕ_1，ϕ_2。由于在邻域 $\Delta f = \phi_2 - \phi_1 \approx 0$ 内，式（2-75）的分母接近零，函数 $f(\phi_1, \phi_2)$ 的数值求解非常困难。由于 $\Delta\phi \to 0$，函数变为不确定形式 $0/0$。两次应用洛必达（L'Hôpital）法则得到有限极限[17]

$$\lim_{\phi_2 \to \phi_1} f(\phi_1, \phi_2) = \frac{12|D_1'|^2 + (M^2-1)|D_1|^2}{M^2(M^2-1)}$$

式中，D_1' 为 D_1 关于 ϕ_1 的微分。

指定 ϕ_1 和特定数据快照，观察目标函数的行为可以看到，尽管采用了双精度运算，在 ϕ_2 从左或右向 ϕ_1 靠近时，都开始出现了振荡（图 2-28）。利用最优化方法，此时可能收敛为非最优化值对。建议采用渐近展开法处理此种棘手问题。这里运用泰勒展开式把 $f(\phi_1, \phi_2)$ 展开为线性项：

$$f(\phi_1, \phi_2) \approx f(\phi_1, \phi_2)\big|_{\phi_2 = \phi_1} + (\phi_2 - \phi_1)\frac{\partial f}{\partial \phi_2}\bigg|_{\phi_2 = \phi_1}$$

该线性项也属于 $0/0$ 形式的不定式，需要应用 5 次洛必达法则得到

$$\frac{\partial f}{\partial \phi_2}\bigg|_{\phi_2 \to \phi_1} = \frac{2\sum_k \sum_l x_k^* x_l \mathrm{e}^{\mathrm{j}(k-l)\phi_1}\mathrm{j}\left\{k - l\left[3\left(k - \frac{M+1}{2}\right)\left(l - \frac{M+1}{2}\right) + \frac{M^2-1}{4}\right]\right\}}{M^2(M^2-1)}$$

这是可以得到实值的反对称表达式。如图 2-28 所示，这一数值问题确实得到了解决。

假定值对 (ϕ_1,ϕ_2) 最大化目标函数 f，则信号振幅向量估计为

$$\hat{a}=\frac{\begin{pmatrix} M & -p \\ -p^* & M \end{pmatrix}\begin{pmatrix} D_1 \\ D_2 \end{pmatrix}}{M^{-2}\,|p|^2}$$

不幸地，当假设入射平面波数大于 2 时，该方法变得相当复杂。再有，当 ϕ_1 接近 ϕ_2 时，函数 $f(\phi_1,\phi_2)$ 在最大值邻域内基本平坦。另外，在许多情况下模型强烈失配（强有色噪声），此时运用最优化算法可以收敛得到 $|\phi_1-\phi_2|$ 小于 0.001 波束宽度的解（而此类解是不对的）。

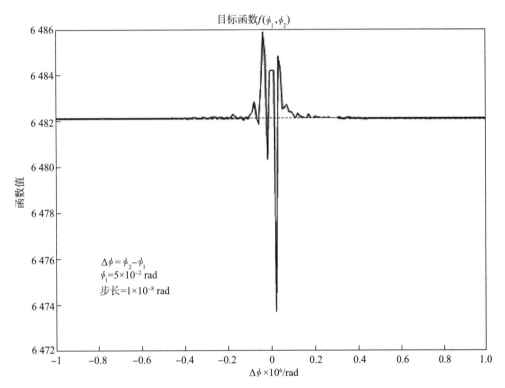

图 2-28　目标函数行为（实线）及其 $\Delta\phi\to 0$ 线性渐近（虚线）。
注意，在函数的非修正表达式中移除了 $\Delta\phi=0$ 的函数值

采用表 2-5 的数据，应用 MTM 和 ML 法，得到如图 2-29～图 2-38 所示的结果，包括信号比 $\rho=a_2/a_1$（量值和相位）。这与散射面的反射系数 R 有关。理想地，在低仰角条件下，HH 极化 10 GHz 平面波在光滑水面时的反射系数 R 约等于 0.9，相位近似为 $180°$。对于不光滑水面，平均值通过下面的指数修正

$$\exp\left[-\left(\frac{4\pi\sigma_h\sin\psi}{\lambda}\right)^2\right]$$

式中，ψ 为掠射角；σ_h 为不光滑水面高度均方差。ρ 的量值可以运用上述的修正 R 建模，并且，运用散度因数可以把地球曲率影响考虑进来。

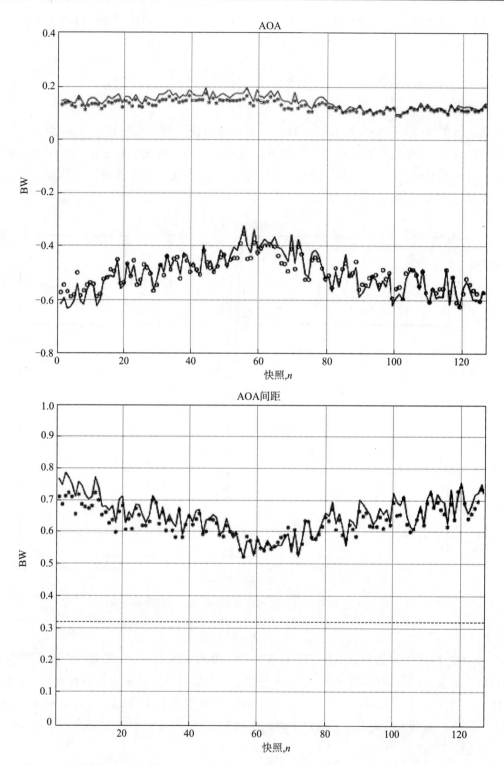

图 2-29　数据集 1 nov4:dh9.dat:1，$f=8.05$ GHz，利用 nov2:cff1.dat:1 远场数据校准。
实线对应 MTM 估计。上图中，直达分量位于镜像分量上方，* 和 ∘ 分别对应 ML 直达分量
和镜像分量。下图为直达分量与镜像分量间角距的估计值和期望值（虚线）的对比

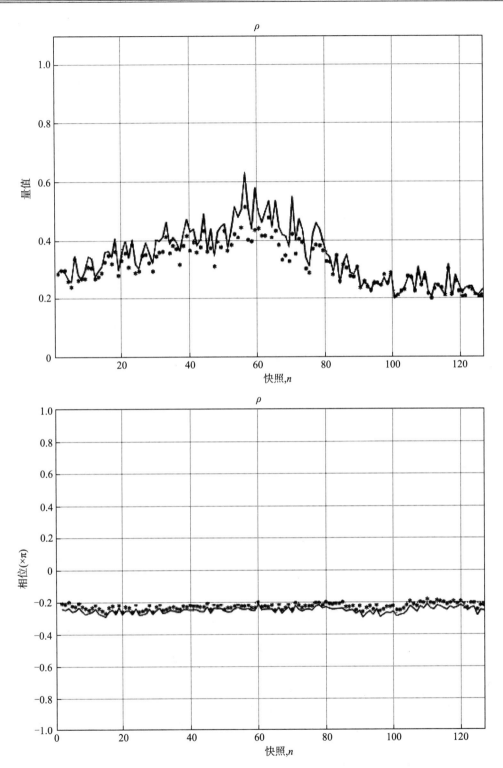

图 2 - 30　数据集 1 nov4:dh9.dat;1，f =8.05 GHz，利用 nov2:cff1.dat;1 远场数据校准。

实线对应 MTM 估计。上图显示 $\rho = a_2/a_1$ 的量值，下图为其相位。∗ 对应 ML 估计

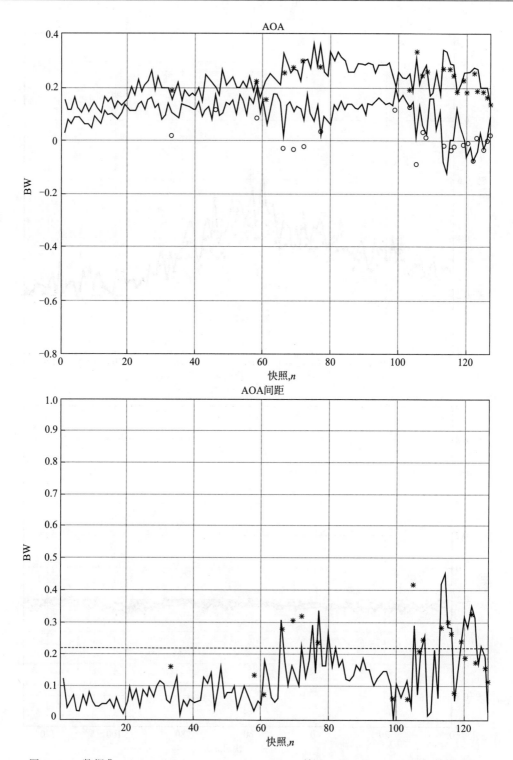

图 2 - 31　数据集 2 nov3：dh4.dat；3，f = 8.62 GHz，利用 nov1：cff6.dat；3 远场数据校准。
实线对应 MTM 估计。上图中，直达分量位于镜像分量上方，∗ 和。分别对应 ML 直达分量和镜像分量。
下图为直达分量与镜像分量间角距的估计值和期望值（虚线）的对比

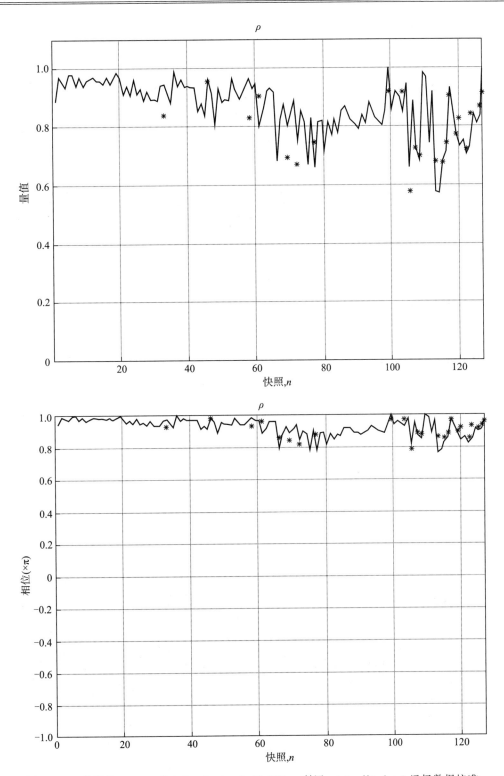

图 2 - 32　数据集 2 nov3:dh4. dat;3，f =8. 62 GHz，利用 nov1:cff6. dat;3 远场数据校准。实线对应 MTM 估计。上图显示 $\rho = a_2/a_1$ 的量值，下图为其相位。* 对应 ML 估计

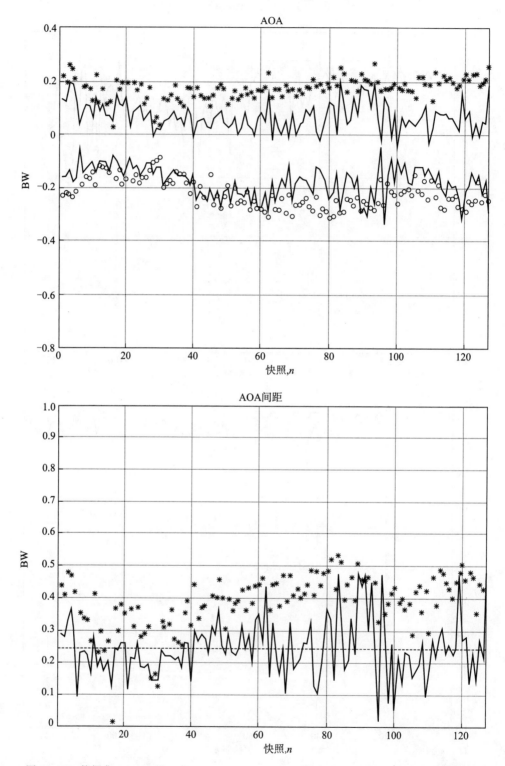

图 2 - 33　数据集 3 nov3:dh6. dat;7，$f = 9.76$ GHz，利用 nov1:cff7. dat;7 远场数据校准。

实线对应 MTM 估计。上图中，直达分量位于镜像分量上方，＊ 和 。分别对应 ML 直达分量和镜像分量。

下图为直达分量与镜像分量间角距的估计值和期望值（虚线）的对比

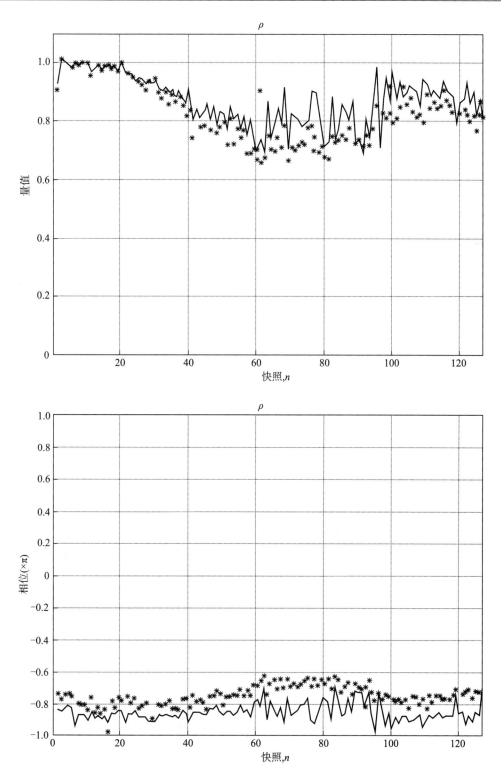

图 2-34　数据集 3 nov3:dh6.dat;7，$f = 9.76$ GHz，利用 nov1:cff7.dat;7 远场数据校准。
实线对应 MTM 估计。上图显示 $\rho = a_2/a_1$ 的量值，下图为其相位。∗ 对应 ML 估计

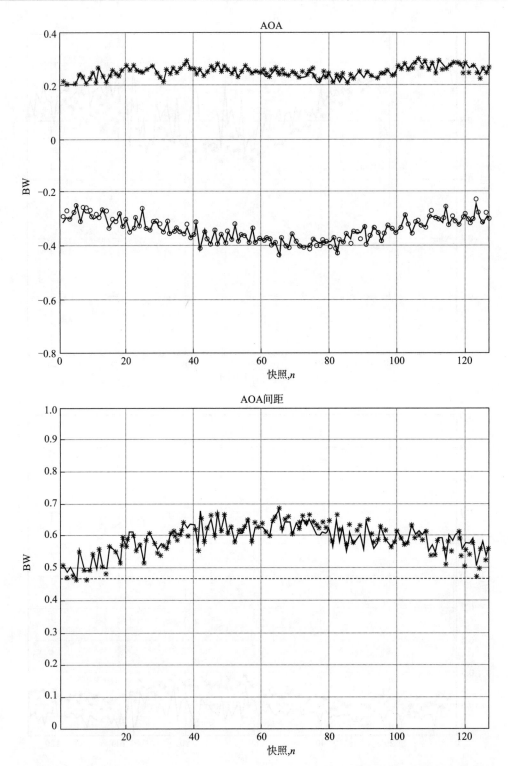

图 2-35　数据集 4 nov3；dd1. dat；2，f =10. 12 GHz，利用 nov1；cff6. dat；8 远场数据校准。
实线对应 MTM 估计。上图中，直达分量位于镜像分量上方，∗ 和 ◦ 分别对应 ML 直达分量和镜像分量。
下图为直达分量与镜像分量间角距的估计值和期望值（虚线）的对比

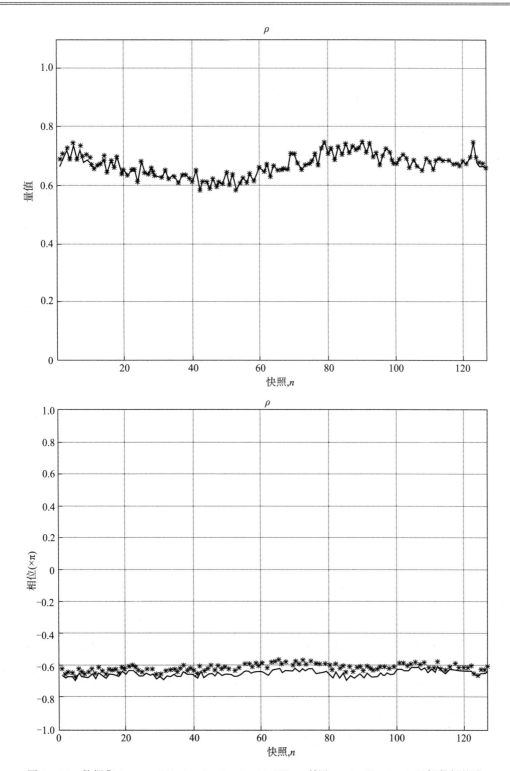

图 2 - 36　数据集 4 nov3:dd1.dat;2，$f = 10.12$ GHz，利用 nov1:cff6.dat;8 远场数据校准。

实线对应 MTM 估计。上图显示 $\rho = a_2/a_1$ 的量值，下图为其相位。* 对应 ML 估计

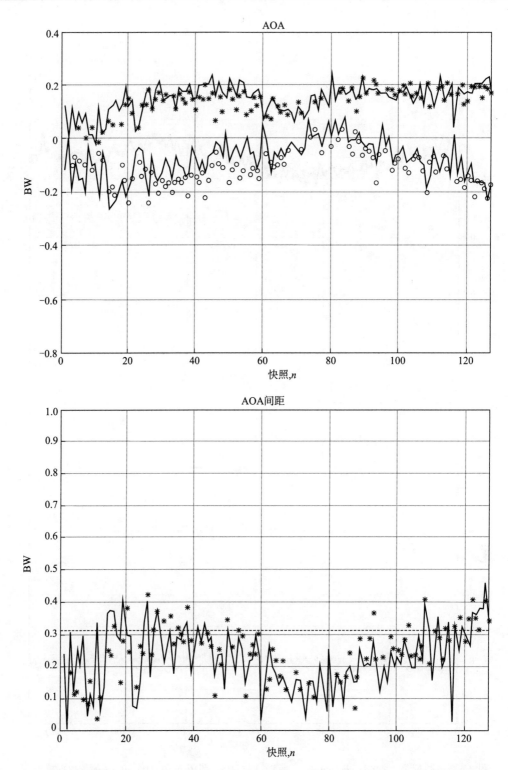

图 2-37　数据集 5 nov3:dh4.dat:16, f =12.34 GHz, 利用 nov1:cff6.dat:16 远场数据校准。

实线对应 MTM 估计。上图中, 直达分量位于镜像分量上方, ∗ 和。分别对应 ML 直达分量和镜像分量。

下图为直达分量与镜像分量间角距的估计值和期望值（虚线）的对比

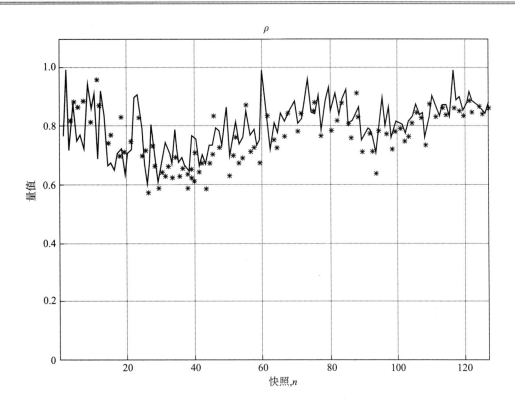

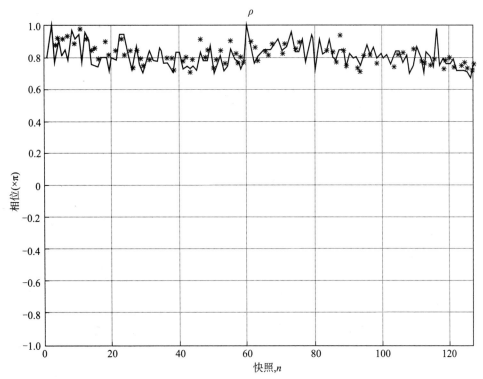

图 2 - 38　数据集 5 nov3：dh4. dat；16，$f = 12.34$ GHz，利用 nov1：cff6. dat；16 远场数据校准。

实线对应 MTM 估计。上图显示 $\rho = a_2/a_1$ 的量值，下图为其相位。$*$ 对应 ML 估计

另一方面，ρ 的相位包含 R 的相位以及直达波与镜像波路径差引起的相位，这可能导致观测到相位偏离 $180°$。镜像模型反射系数 ρ，为数据校准提供了一种方法。有时，一些错误的远场数据造成 $|\rho| > 1$。这意味着镜像分量强于直达分量，所以无法利用这些表格进行数据校准。

通过查看 AOA 的估计，得到下面几个与各数据集相关的观测结果：

数据集 1：MTM 和 ML 估计之间没有发现明显差异。直达分量强于镜像分量，其方差较小。观察到 AOA 间距的预期值和估计值之间的偏差稍大。参考文献 [21] 在相同的数据集上应用了更精细的 ML 法，通过结果比较，发现偏差出现在镜像分量估计（8.05 GHz时，频带宽度为 $1.17°$）中。注意，估计 ρ 非常小，表示镜像分量功率较小；这正是估计困难的原因。

数据集 2：此时情况不利于 ML 法，收敛点要比 MTM 少很多。而且在数据集的前半段再次看到出现 AOA 间距偏差。

数据集 3：两种方法都表现良好，其中 MTM 在观测 AOA 间距中存在细微的边缘。

数据集 4：观察到周期性偏差。在这种情况下，由于天线塔在所有观测周期都因风力而倾斜，天线塔摇摆很可能导致观测结果周期性变化，并使实际角距大于期望值。

数据集 5：虽然估计存在较大噪声，但是在所有情形下的一致性都很好，AOA 间距中的周期性干扰较小。

2.10　漫射多路径频谱估计

如果把估计出的平面波（直达分量和镜像分量）从测量频谱中移除，那么剩余频谱应为漫射分量。这样，就可以在频域（阵列单元时间样本）和波数域（阵列单元空间样本，快照）上估计漫射分量。例如，图 2-39 所示的完全重构波数频谱是数据集 nov3:dh3.dat.2 的第一个快照。注意，就作者所知，这是第一次见诸于文的低仰角跟踪雷达环境试验测量波数频谱全图。图中显示了两种多路径分量和直达信号，并且，可以清楚地看出，白噪声背景假设是错误的。

另外，还研究了各种 HH 数据子集。这些子集来自 10.2 GHz 点频通道的 nov3:dh3.dat、nov3:dh4.dat、nov4:dh9.dat 数据集。它们的剩余频谱和波数谱如图 2-40～图 2-43 所示。最后，计算了 2.9 节所检验数据集的类似剩余频谱（见图 2-44～图 2-49）。

在两种情况下，所得谱都比较简明。观测的基带宽峰可以用高斯频谱建模。然而，对于波数谱，情况较为复杂。第一组谱（见图 2-41 和图 2-43）在谱负部存在明显的峰值（对应地平线下到达方向），而第二组不是这样，在谱两侧出现了几个较大的峰值。假设此时所描述的表现是真实的，那么就可以对 2.9 节的一些观测结果进行解释。具体如下：

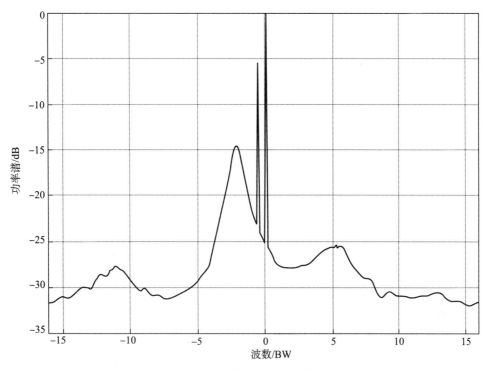

图 2 - 39　第一次快照数据 nov3:dh3. dat. 2 完全重构波数谱，利用 nov2:cff2. dat. 1 远场校准

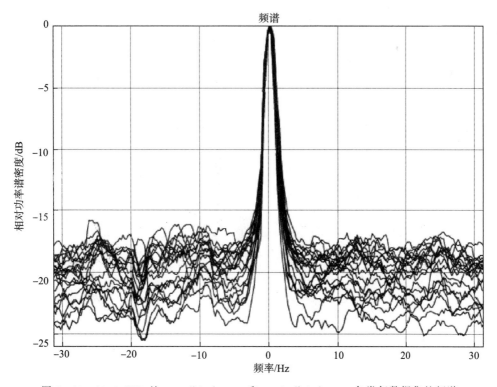

图 2 - 40　10. 2 GHz 处 nov:dh3. dat；＊和 nov3:dh4. dat；＊各类似数据集的频谱

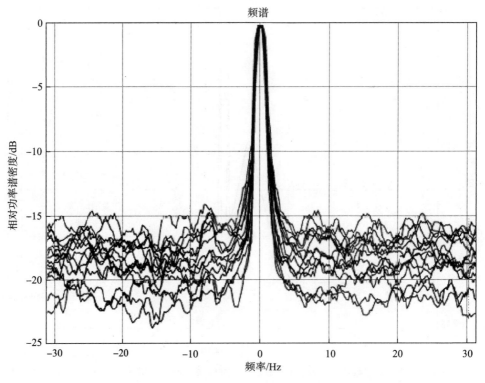

图 2 - 41 nov3:dh3:dat；* 和 nov3:dh4. dat；* 各类似数据集的波数谱

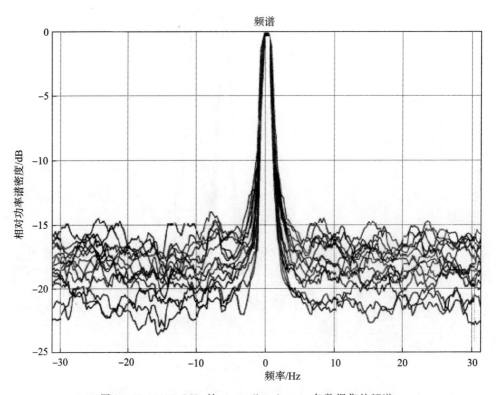

图 2 - 42 10.2 GHz 处 nov4:dh9:dat；* 各数据集的频谱

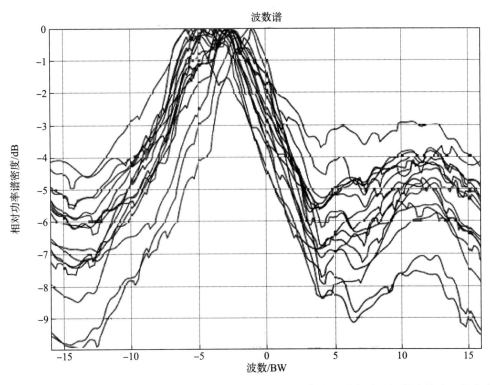

图 2-43　对应图 2-42 所示频谱的波数谱。注意，由于 AOA 间距比前例小，漫射峰值中心较难确定

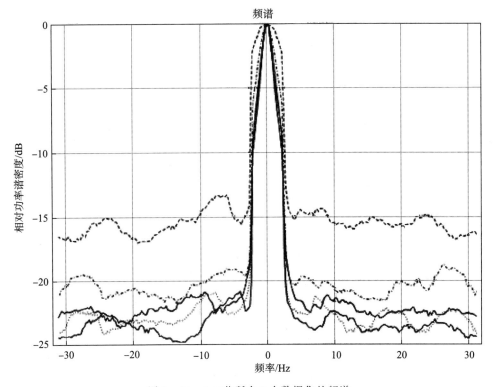

图 2-44　2.9 节所有 5 个数据集的频谱

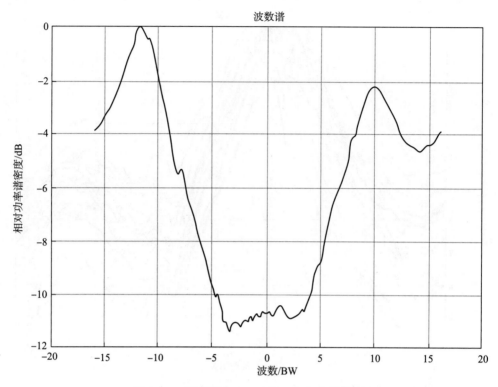

图 2 - 45　　数据集 1 nov4;dh9.dat;1 的波数谱

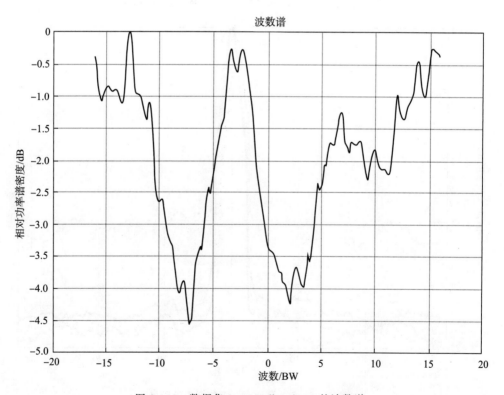

图 2 - 46　　数据集 2 nov3;dh4.dat;3 的波数谱

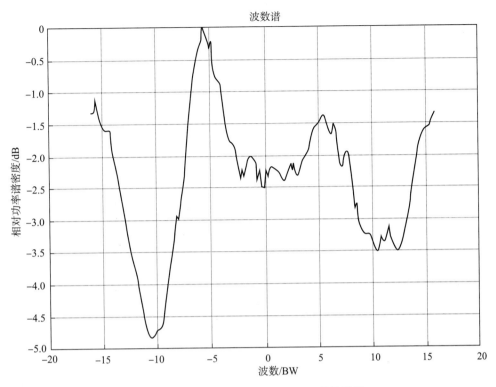

图 2 - 47　数据集 3 nov3:dh6. dat;7 的波数谱

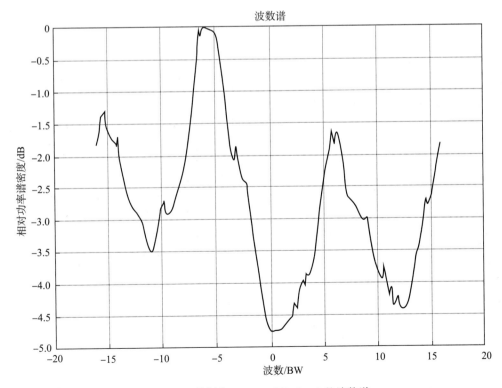

图 2 - 48　数据集 4 nov3:dd2. dat;2 的波数谱

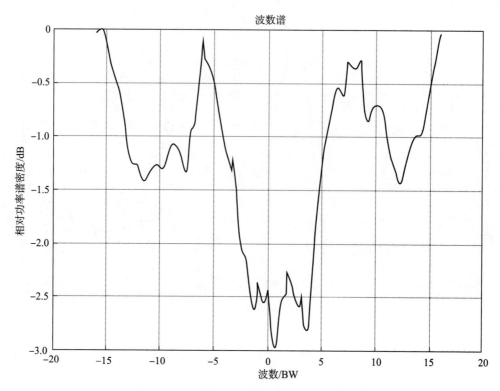

图 2 - 49　数据集 5 nov3:dh4.dat:16 的波数谱

数据集 1：波数谱上存在两个强漫射峰值，是影响 AOA 估计与实际观测结果不同的原因。注意期望间距采用了镜像模型假设，当假定模型失配（即直达和镜像 AOA 附近的漫射分量很弱）较小时，该模型是很好的近似。

数据集 2：在波数域上，多于一处以上的区域出现强漫射分量。此外，这一数据集的频域频谱都存在较大的噪声基数，比其他的要高 5 dB 左右。因此，ML 法在这里经常失效也就不足为奇。

数据集 3：原点附近出现一段较高的曲线，至少局部上较接近镜像模型假设，因此，期望间距与观测间距十分一致。注意，没有采用白噪声背景假设的 MTM 表现稍好。

数据集 4：除了镜像分量功率较大，其他表现与数据集 1 类似。

数据集 5：表现与数据集 2 类似。然而，由于观测 AOA 间距稍大，总体表现较好。

2.11　小结

用真实数据检验 2.9 节和 2.10 节中的估计 AOA 和漫射分量频谱，最终得到下列观测结论：

1）AOA 估计通常在观测间隔期间表现出强烈的可变性，证明应用逐张快照方法是合理的。

2）没有采用白噪声背景假设的多窗谱方法（MTM），总是可以得到间距大于 0.001 带宽的 AOA 估计，而最大似然（ML）法并非如此。当直达分量和镜像分量的间距非常小（−0.1 带宽）时，ML 很有可能失效。如果忽略漫射分量，模型将出现明显的失配现象。但是，请注意，ML 可以通过结合先验知识等额外信息或频率捷变[18,21]进行改进。MTM 也可以应用类似的修正。

3）对于 AOA 估计，没有强力证据证明 MTM 优于 ML（在 ML 不失效的情况下）。但是，MTM 确实比 ML 表现良好，这一点令人振奋。MTM 是唯一能够获得良好背景漫射分量估计的非参数方法。MTM 能够以自然的方式扩展，获得独立分量间的相干估计。

频域频谱可以采用高斯频谱进行建模，原因是：在大量移动散射体的作用下，观测到峰值加宽。

在波数域，正波数值对应物理地平线上方的空间，而负波数值对应地平线下方的空间，其中包含散射面。Barton[1] 和 McGarty[24] 提出了两种粗糙表面镜像点模型。但是，只有后一个模型（当包含阴影时）才能获得类似试验观测的定性结果。

在比较理论模型和试验观测谱之前，需要对理论频谱进行修正，把试验中因 $d/\lambda > 0.5$ 而出现的折叠和栅瓣效应考虑在内。选取 $d/\lambda > 0.5$ 的依据是喇叭天线单元的实际间距限制。当频率为 10.2 GHz 时，$d/\lambda \approx 1.94$，这就使图 2-50 中的物理角 θ 与波数 ϕ 对应起来。通过 5 个观测域与天线场方向图（阵列因子×阵列单元场方向图）的卷积，得到接收机观测功率谱。图 2-51 为粗糙度比例 $s = 0.1$（表面高度方差与表面相关长度比）的 McGarty 模型[24] 示例，其几何形状与 2.8 节类似。

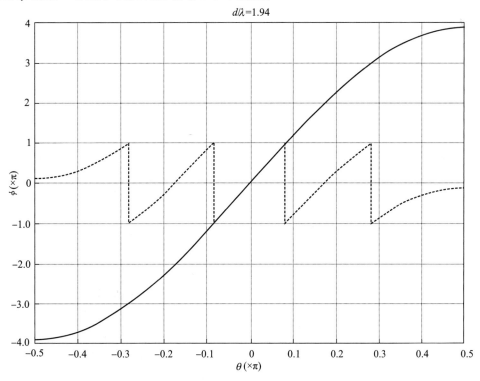

图 2-50　$d/\lambda = 1.94$ 时，波数 ϕ 的 θ 函数曲线。该映射的解析表达式为 $\phi = (2\pi d/\lambda) \sin\theta$

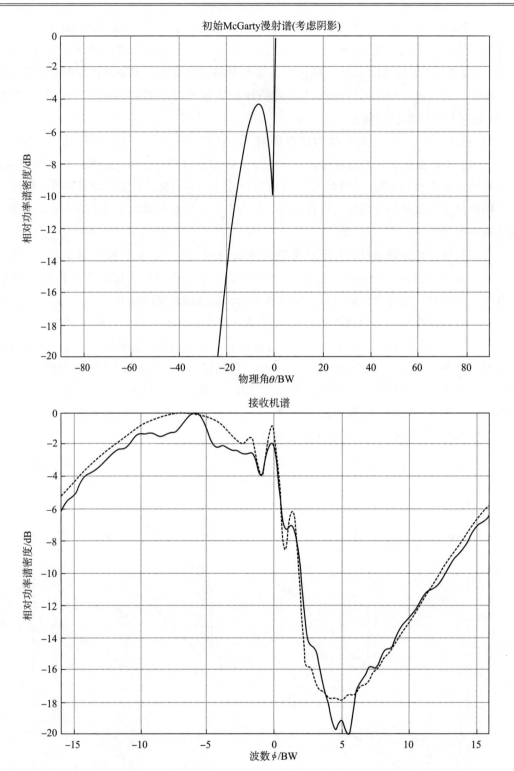

图 2-51　McGarty 漫射谱，几何形状与 2.8 节类似（上图）。变换后的下图包含绕射和栅瓣的曲线，
其中虚线为可在接收机观测的理论谱，实线为 Karhunen–Loève 展开得到的 127 快照平均谱。
根据此模型，这是很有可能在接收机观测到的谱形状只有考虑阴影时，才能观察到在 $-10 \sim 0$ BW 的宽漫射峰值。这与试验观测谱一致。然而，大多数情况下在谱中出现额外峰值（除非存在严重的校准问题）说明在天线接收机阵列的非模糊区域之外存在其他散射中心。这些散射中心的回波被折叠到谱的正波数部分，导致出现额外的峰值。由于模型采用的是简化版本屏蔽法和单粗糙度比表面，对一致性的期望不能过高。根据海面建模理念，如果期望获得良好的预测，必须采用双粗糙度比相干复合模型。

总之，主要结论如下：

1）MTM 是一种适用于解决高分辨率全谱估计的优越方法。在没有先验知识或精确的基本过程模型可用的情况下，对于连续背景（有色噪声）谱估计，这一方法的非参数特性特别有用。事实上，这也是此类情况下唯一表现良好的方法。

2）在本章的低仰角情形中，对于 AOA 估计，MTM 和 ML（白噪声背景最大似然）法给出了一致的结果。虽然这两种估计方法的区别不是很明显，但是 MTM 稍微优于 ML。

3）用于 AOA 或谐波分量频率估计的 F 检验分为点回归和积分回归两类。经验表明，虽然各种条件下的最终估计不存在明显差异，但是后者比前者稳定。点回归的计算执行时间较短，可以用于快速扫描数据序列的谐波分量。

最后一点：这里通过高品质孔径采样收发分置雷达系统在复杂低仰角条件下工作，获得了极有价值的试验结果。这些结果表明，多窗谱方法（MTM）是优秀的全频谱估计方法。根据经验，作者认为没有其他非参数方法能够获得更好的结果。实际上，MTM 还是一种比多数参数方法优秀的通用谱估计方法。

认识到 MTM 的基本原理和理论基础，以及它作为非参数估计方法的通用性，并研制出用于雷达的实时高效 MTM 处理器，确实是一项挑战。

参 考 文 献

[1] D. K. BARTON (1974). Low–angle radar tracking, *Proc. IEEE* 62, 687–704.

[2] P. BECKMANN AND A. SPIZZICHINO (1987). *The Scattering of Electromagnetic Waves from Rough Surfaces*, Artech House, Norwood, MA (a reprint of the classic 1963 monograph).

[3] R. B. BLACKMAN AND J. W. TUKEY (1959). *The Measurement of Power Spectra*, Dover, New York (a reprint of papers appearing in the January and March issues of the B. S. T. J. in 1958).

[4] L. V. BLAKE (1986). *Radar Range –Performance Analysis*, Artech House, Norwood, MA.

[5] T. P. BRONEZ (1988). "Nonparametric spectral estimation of irregularly sampled multidimensional random processes," Ph. D. dissertation, Arizona State University, Tempe, AZ.

[6] T. P. BRONEZ (1988). Spectral estimation of irregularly sampled multidimensional processes by generalized prolate spheroidal sequences, *IEEE Trans. Acoust. , Speech, Signal Process .* 36, 1862–1873.

[7] N. R. DRAPER AND H. SMITH (1981). *Applied Regression Analysis*, Wiley, New York.

[8] A. DROSOPOULOS (1991). Investigation of diffuse multipath at low – grazing angles, Ph. D. dissertation, McMaster University, Department of Electrical Engineering, Hamilton, Ontario, Canada.

[9] A. DROSOPOULOS AND S. HAYKIN (1991). Angle – of – Arrival Estimation in the Presence of multipath, *Electronic Lett .* 27 (10), 798–799.

[10] S. HAYKIN (1985). Radar array processing for angle of arrival estimation, in *Array Signal Processing*, S. Haykin (ed.), Prentice – Hall, Englewood Cliffs, NJ, Chapter 4.

[11] R. HOOKE AND T. A. JEEVES (1961). Direct search solution of numerical and statistical problems, *J. ACM* 8, 212–229.

[12] A. ISHIMARU (1978). *Wave Propagation and Scattering in Random Media*, Vol. II, Academic Press, New York.

[13] J. O. JONSSON AND A. O. STEINHARDT (1993). The total probability of false alarm of the multi – window harmonic detector and its application to real data, *IEEE Trans. Signal Processing* 41 (4), 1702–1705.

[14] A. F. KAUPE. Algorithm 178: Direct search, Collected algorithms from *Commun. ACM* 178 – P1R1.

[15] S. M. KAY AND S. L. MARPLE, JR. (1981). Spectrum analysis—a modern perspective, *Proc. IEEE* 69, 1380–1419.

[16] D. E. KERR (ed.) (1951). *Propagation of Short Radio Waves. M. I. T. Radiation Laboratory Series*, Vol. 13, McGraw – Hill, New York.

[17] V. KEZYS, personal communication.

[18] V. KEZYS AND S. HAYKIN (1988). Multi – frequency angle – of – arrival estimation: An experimental evaluation, Proc. SPIE, *Advanced Algorithms and Architectures for Signal Processing* III

975，93 - 100.

[19]　B. KLEINER, R. D. MARTIN, AND D. J. THOMSON （1979）. Robust estimation of power spectra, *J. R. Statist. Soc. B* 41, 313 - 351.

[20]　C. R. LINDBERG AND J. PARK （1987）. Multiple - taper spectral analysis of terrestrial free oscillations: Part Ⅱ, *Geophys. J. R. Astron. Soc* . 91, 795 - 836.

[21]　T. LO AND J. LITVA （1991）. Use of a highly deterministic multipath signal model in low - angle tracking, *IEE Proc* ., Part F, 138, 163 - 171.

[22]　S. L. MARPLE, JR. （1987）. *Digital Spectral Analysis with Applications* , Prentice - Hall, Englewood Cliffs, NJ.

[23]　R. D. MARTIN AND D. J. THOMSON （1982）. Robust - resistant spectrum estimation, *Proc. IEEE* 70, 1097 - 1115.

[24]　T. P. McGARTY （1976）. Antenna performance in the presence of diffuse multipath, *IEEE Trans. Aerosp. Electron. Systems* 12, 42 - 54.

[25]　C. T. MULLIS AND L. L. SCHARF （1991）. Quadratic estimators of the power spectrum, in *Advances in Spectrum Analysis and Array Processing* , Vol. Ⅰ, S. Haykin （ed.）, Prentice - Hall, Englewood Cliffs, NJ, Chapter 1.

[26]　R. ONN AND A. O. STEINHARDT （1991）. A multi - window method for spectrum estimation and sinusoid detection in an array environment, *Proc. SPIE* , *Advanced Algorithms and Architectures for Signal Processing* , San Diego.

[27]　A. PAPOULIS （1984）. *Probability* , *Random Variables and Stochastic Processes* , 2nd edition, McGraw - Hill, New York.

[28]　J. PARK （1987）. Multitaper spectral analysis of high - frequency seismographs, *J. Geophys. Res* . 92 （B12）, 12675 - 12684.

[29]　J. PARK, C. R. LINDBERG, AND D. J. THOMSON （1987）. Multiple - taper spectral analysis of terrestrial free oscillations: Part Ⅰ, *Geophys. J. R. Astron* , *Soc* . 91, 755 - 794.

[30]　W. H. PRESS, B. P. FLANNERY, S. A. TEUKOLSKY, AND W. T. VETTERLING （1986）. *Numerical Recipes* , Cambridge University Press, New York.

[31]　D. SLEPIAN （1965）. Some asymptotic expansions for prolate spheroidal wave functions, *J. Math* , *Phys* . 44, 99 - 140.

[32]　D. SLEPIAN （1968）. A numerical method for determining the eigenvalues and eigenfunctions of analytic kernels, *SIAM J. Numer. Anal* . 5, 586 - 600.

[33]　D. SLEPIAN （1978）. Prolate spheroidal wave functions, Fourier analysis, and uncertainty—Ⅴ: The discrete case, *Bell System Tech. J* . 57, 1371 - 1430.

[34]　D. SLEPIAN AND E. SONNENBLICK （1965）. Eigenvalues associated with prolate spheroidal functions of zero order, *Bell System Tech. J* . 44, 1745 - 1760.

[35]　D. J. THOMSON （1977）. Spectrum estimation techniques for characterization and development of WT4 waveguide, *Bell System Tech. J* . 56, 1769 - 1815, 1983 - 2005.

[36]　D. J. THOMSON （1982）. Spectrum estimation and harmonic analysis, *Proc. IEEE* 70, 1055 - 1096.

[37]　D. J. THOMSON （1989）. Multiple - window bispectrum estimation, in *Proc. Workshop on Higher - Order Spectral Analysis* , Vail, CO, pp. 19 - 23.

[38] D. J. THOMSON (1990). Quadratic - inverse spectrum estimation: Applications to paleoclimatology, *Phil. Trans. R. Soc. London*, *Ser. A* 332, 539 - 597.

[39] D. J. THOMSON (1990). Time series analysis of Holocene climate data, *Phil. Trans. R. Soc. London*, *Ser. A* 330, 601 - 616.

[40] D. J. THOMSON AND A. D. CHAVE (1991), Jackknifed error estimates for spectra, coherences and transfer functions, in *Advances in Spectrum Analysis and Array Processing*, Vol. Ⅰ, S. Haykin (ed.), Prentice - Hall, Englewood Cliffs, NJ, Chapter 2.

[41] A. M. YAGLOM (1987). *Correlation Theory of Stationary and Related Random Functions* Ⅰ: *Basic Results*, Springer - Verlag, New York.

第3章 海杂波时频分析[①]

David J. Thomson 和 Simon Haykin

3.1 引言

在第 2 章中，研究的是多窗谱方法在低仰角雷达环境中的波数频谱估计应用。低仰角雷达环境的特点是同时存在镜像和漫反射多路径现象。那时，对于多路径的研究重点在于海平面低仰角目标信号。在本章中，运用多窗谱方法的展开式对海杂波（即海面雷达后向散射）进行研究。探测目标（特别是小目标）的时候，海杂波需要重点关注，由于海杂波的存在，使任务变得非常困难。

一般来说，海杂波的统计特性随时间变化，并不稳定。因此，海杂波的功率谱是时间与频率的函数。为处理这一新的问题，需要扩展雷达信号处理方面的思维，采用时间-频率分析方法。这正是本章所要描述的内容。

本章的内容结构为：3.2 节介绍了非稳定信号统计学分析的理论背景，可上溯到 Loève 在 1946 年撰写的一篇开创性著作。3.3 节描述了 Loève 频谱，其中包含著名的 Wigner-Ville 分布。3.4 节结合多窗谱频谱估计，进一步阐述 Loève 频谱。根据 3.3 节和 3.4 节描述的理论框架，在 3.5 节中给出基于真实雷达数据的海杂波时频分析试验结果。3.6 节为小结。

3.2 非稳定行为与时频分析概述

非稳定信号统计分析的历史比较复杂。虽然 Loève 在 1946 年就提出了广义二阶理论[1,2]，但是这一理论并没有像 Wiener 和 Kolmogorov 稍早提出的稳定过程理论一样得到广泛的应用。原因至少有以下 4 个：

1) Loève 理论是概率性理论，而非统计理论，并且，在之后一段时间里都没有成功发现该理论的统计版本。

2) 在 Loève 理论发布的年代，大多数信号和随机过程领域方面的工程师和物理学家得到的数学培训极少；甚至是 Wiener 的书也被认为是"黄祸"，可想而知，当时人们对该理论的接受情况。

---

① 本章介绍的内容部分基于论文：S. HAYKIN AND D. J. THOMSON (1998). Signal detection in a nonstationary environment reformulated as an adaptive pattern classification problem，*Proc. IEEE Special Issue on Intelligent Signal Processing* 86 (11)，2325-2344.

3) 即使当时该理论被普遍理解，也有良好的统计估计程序可用，但相关的计算量也是相当大的负担。那时，流行的是 Blackman - Tukey 的稳定频谱估计方法，倒不是因为这些方法有多伟大，而是因为相比其他方法，它们在数学上更容易理解，计算效率更高。

4) 最后，不可否认的是，广义理论比稳定过程更难以理解。

虽然人们已经认识到所需要处理的多数信号都是非稳定信号，但是，在 Loève 理论之前，就已经开始利用已有的工具（比如可估计稳定信号频谱）得到频谱图，见参考文献 [3] 和 [4]。该频谱图方法基于这么一个观点：如果一个过程不太稳定，那么就可以在一段相对短的时间块内应用"准稳定"近似，于是，在此时间块的频谱可以用平均值近似。它的缺点是时间块长度和时间块间隔为随机量。因此，虽然语音、水下声学、雷达和其他类似学术界都有丰富的选取经验，但是，除了"切割和尝试"方法之外，没有更多的途径处理新的、独特的数据序列。因此，这一频谱图方法被认为是启发式或特别方法。

为说明信号的非稳定行为，需要把时间（显或隐）加入信号描述中。假设希望按惯例在频域内处理问题，那么可以采用信号的时频描述方法纳入时间因素。在过去的许多年里，发表了大量关于时频分布估计的文章，比如 Cohen 的书[5] 及其参考文献。其中大部分文献都假设信号是确定性的，并且，对估计器施加约束以匹配时频边缘密度条件。比如，设 $D(t, f)$ 为信号 $x(t)$ 的时频分布，其时间边缘应满足条件

$$\int_{-\infty}^{\infty} D(t,f)\,\mathrm{d}f = |x(t)|^2$$

类似地，设 $y(f)$ 为 $x(t)$ 的傅里叶变换，频率边缘密度应满足第二个条件

$$\int_{-\infty}^{\infty} D(t,f)\,\mathrm{d}t = |y(f)|^2$$

其中，t 为连续时间，f 为频率。如果小间距传感器采集的波形之间存在较大差异（见 Vernon 的文章[6]），那么时间边缘要求就显得十分奇怪。更糟糕的是，除了因子 $1/N$ 外，频率边缘分布正是信号周期图。众所周知，在第一张周期图计算出来前就知道周期图存在非常大的偏差和不一致性[①]。因此，这里认为匹配边缘分布条件并不重要。

类似地，有几种估计方法试图用解析信号替代原始数据，以减少 Wigner - Ville 分布中的交叉项[②]。但是，因为解析信号通常通过对数据进行傅里叶变换、排除负频分量、逆傅里叶变换这一过程得到，所以它的频域偏差取决于频谱图偏差。有人认为，这些方法只适合应用于近病态数据集，而且对 Slepian 序列的旁瓣性能几乎没有要求。但是，这种看法是错误的，因为不可能提前知道需要什么样的旁瓣性能。（Slepian 序列见第 2 章，为方便起见，本节后面重新进行描述。）例如，本文所用雷达数据频谱的动态范围超过 10^4，因此，受到频谱图边缘约束的估计在量级超过大部分频域时很容易出错。

---

① 导致估计不一致的原因之一是估计方差不随样本大小而减小。好像是瑞利第一个证明频谱图的不一致性[7]，并在参考文献 [8] 和 [9] 中进一步阐述了这一观点。然而，瑞利并没有使用"不一致性"，而是费舍在其著名的论文[10]中应用了这一术语并作为统计学术语。

② 交叉项出现在应用 Wigner - Ville 分布于两个信号求和时。此类求和并不等同于两个信号的 Wigner - Ville 分布求和，区别就在于交叉项的存在。

为此，提出下面论点：

1）如下所述，Wigner – Ville 分布期望值恰好是 Loève 频谱的坐标旋转。但是，它并不是特别优良的统计估计量。

2）基础 Wigner – Ville 分布为充分统计，可以在相位常数内反演恢复原始数据。因此，虽然从统计观点上看，它并不具备吸引力，但是因其完备性，Wigner – Ville 分布可以有效应用于某些情况。

3）这里采用的海杂波和目标加杂波数据来自相干雷达，为复数据，因此，不需要估计解析信号。

4）因为交叉项比较独特，所以在识别接收信号是否存在一个以上的分量时十分有用。

最后，选用随机性还是确定性方法进行时频分析描述信号非稳定行为，取决于所关注问题的具体情况。虽然推测哪种问题适用哪种方法非常容易，但是，对于两种方法都适用的问题，比如文中所用的雷达数据示例，就要由关注点决定。

3.3　非稳定性理论背景

假设已知数据为离散时间过程 $x(t)$ 的 N 个相邻样本（单次采样），其中 $t = 0，\cdots，N - 1$（与第 2 章不同，以下 t 都表示离散时间），并且，该过程为可调和过程。于是，可得克莱姆或频谱表达式

$$x(t) = \int_{-1/2}^{1/2} \mathrm{e}^{\mathrm{j}2\pi vt} \, \mathrm{d}X(v) \tag{3-1}$$

其中，$\mathrm{d}X(v)$ 为增量过程。在本章中，假设该过程具有零平均值，即 $\boldsymbol{E}\{\mathrm{d}X(v)\} = 0$，于是，相应地，$\boldsymbol{E}\{x(t)\} = 0$。（注意，严格来说，这并不等同于假设从数据中减去平均值。）根据所关注参数，利用协方差函数定义 Loève 变换

$$\Gamma_L(t_1, t_2) = \boldsymbol{E}\{x(t_1) x^*(t_2)\} = \int_{-\infty}^{\infty} \int_{-\infty}^{\infty} \mathrm{e}^{\mathrm{j}2\pi(t_1 f_1 - t_2 f_2)} \gamma_L(f_1, f_2) \mathrm{d}f_1 \mathrm{d}f_2 \tag{3-2}$$

和广义频谱密度

$$\gamma_L(f_1, f_2) \, \mathrm{d}f_1 \mathrm{d}f_2 = \boldsymbol{E}\{\mathrm{d}X(f_1) \, \mathrm{d}X^*(f_2)\} \tag{3-3}$$

其中 * 表示复共轭。方程式（3 – 3）描述非稳定过程的基本特性，即不同频率间的相关性。

如果过程是稳定的，那么根据定义，协方差 $\Gamma_L(t_1, t_2)$ 只取决于时间差值 $t_1 - t_2$，此时，Loève 频谱 $\gamma_L(f_1, f_2)$ 变为 $\delta(f_1 - f_2) S(f_1)$，其中 $S(f)$ 为常规功率频谱。类似地，对于白色非稳定过程，协方差函数变为 $\delta(t_1 - t_2) P(t_1)$，其中 $P(t)$ 为时刻 t 的期望功率。因此，在简单情况下频谱和协方差函数都含有不连续的 δ 函数，不能期望它们都是"平滑的"，而且连续性取决于 (f_1, f_2) 或 (t_1, t_2) 平面上的方向。把广义关系式（3 – 2）和频谱密度式（3 – 3）的时间和频率坐标分别旋转 45° 就可以很容易地解决这个问题。在时域上定义新的坐标，设"中心点"为 t_0，延迟为 τ，可得

$$t_1 + t_2 = 2t_0$$
$$t_1 - t_2 = \tau \tag{3-4}$$

于是，得到

$$t_1 = t_0 + \tau/2$$
$$t_2 = t_0 - \tau/2$$

用 $\Gamma(\tau, \tau_0)$ 表示旋转坐标系的协方差函数，得到

$$\Gamma_L(t_1, t_2) = \Gamma\left(t_1 - t_2, \frac{t_1 + t_2}{2}\right) = \Gamma(\tau, t_0) \tag{3-5}$$

同样地，可以根据下式确定新的频率坐标 f 和 g

$$f_1 + f_2 = 2f$$
$$f_1 - f_2 = g \tag{3-6}$$

于是，可得

$$f_1 = f + g/2$$

旋转频谱可用下式表示

$$\gamma(g, f) = \gamma_L\left(f + \frac{g}{2}, f - \frac{g}{2}\right) \tag{3-7}$$

把这些定义代入式（3-2），傅里叶变换指数上的项 $t_1 f_1 - t_2 f_2$ 变为 $(t_0 g + \tau f)$，得到

$$\Gamma(t_0, \tau) = \int_{-\infty}^{\infty} \int_{-\infty}^{\infty} e^{j2\pi(\tau f + t_0 g)} \gamma(g, f) \, df \, dg \tag{3-8}$$

因为 f 与时差 τ 相关，对应稳定过程的常规频率，所以称为"稳定"频率。同样地，因为 g 与平均时间 t_0 相关，描述频谱在长时间间隔上的行为，所以称为"非稳定"频率。

接下来，考虑到 γ 是 f 和 g 的连续性函数，在谱线 $g = 0$ 处，广义频谱密度 γ 正好是通常用于稳定频谱的一般连续（或非连续）频谱。然而，如果没有其他原因，全部数据都只包含稳定可加噪声，那么关于 g 的 δ 函数将在 $g = 0$ 处存在不连续点。因此，平滑度在 (f, g) 平面［或等价 (f_1, f_2) 平面］上不是各向同性的，沿非稳定坐标轴 g 的分辨率要比一般频率轴 f 的高。

对 $\gamma(g, f)$ 进行非稳定频率 g 的傅里叶变换，并把它定义为过程的理论动态频谱。这样处理的目的是将 $g = 0$ 附近的快变化变换为慢变化的 t_0 函数，同时还能保持对 f 的一般依赖性。根据傅里叶变换理论，频域上的 δ 函数变换为时域上的常数。因此，在稳定过程中，$D(t_0, f)$ 不由 t_0 决定，并采用简单表达式 $S(f)$。于是，可得

$$D(t_0, f) = \int_{-\infty}^{\infty} e^{j2\pi\tau f} E\left\{x\left(t_0 + \frac{\tau}{2}\right) x^*\left(t_0 - \frac{\tau}{2}\right)\right\} d\tau \tag{3-9}$$

而且与下式[5]对比

$$W(t_0, f) = \int_{-\infty}^{\infty} e^{j2\pi\tau f} x\left(t_0 + \frac{\tau}{2}\right) x^*\left(t_0 - \frac{\tau}{2}\right) d\tau \tag{3-10}$$

由于该式为信号 $x(t)$ 的 Wigner-Ville 分布，可以发现"旋转 Loève 频谱是 Wigner-Ville 分布的期望值"。这一关系已多次被发现（例如参考文献［13］）。但是注意，与 Wigner-Ville 分布不同，旋转 Loève 变换 $D(t_0, f)$ 被定义为一个期望值。

换句话说，Wigner-Ville 分布是 $D(t_0, f)$ 的瞬时估计，表示信号 $x(t)$ 的动态频

谱，因此计算较为简单。通过式（3 - 9）的复共轭就可以很容易地证明 $D(t_0, f)$ 为实数，而且作为协方差函数的傅里叶变换，它必须为非负定的（见参考文献［14］）。在许多方面，当前关于 Wigner - Ville 分布的正性讨论其实是 1945—1970 年关于归一化 $1/N$ 或 $1/(N - \tau)$ 用于估计延迟 τ 自相关正确性争论的延续。正确答案是在任何情况下直接计算样本自相关不是一个好点子，如果估计计算错误，那么归一化或多或少都是无关的！认为简单滞后相关是"错误"的，听起来或许不可思议，但是，原因有以下几点：

1）由参考文献［15］可知，至少在一些简单实例中，频谱的多窗谱估计为最大似然估计。因此，多窗谱频谱的逆傅里叶变换也为自协方差的最大似然估计。

2）McWhorter 和 Scharf[16] 在扩展了 Mullis 和 Scharf[17] 的研究后，也运用不变性增量得到了相关多窗谱估计。以移动平均数（MA）过程为例，他们提出以下论点："这些曲线表明，在这样的情况下，多窗口估计的均方误差性能比单窗口估计的好。"（"多窗口"即"多窗谱"。）

3）近年来，Smith[18] 证明标准协方差估计是有偏估计。

3.3.1　多窗谱估计

如第 2 章所述，多窗谱频谱估计是一类基于积分方程近似求解的估计。该积分方程表示 $dX(f)$ 在数据 $y(f)$ 傅里叶变换上的投影。设观测数据的傅里叶变换为

$$y(f) = \sum_{t=0}^{N-1} x(t) e^{-j2\pi ft} \tag{3 - 11}$$

通过 $x(t)$ 的频谱表达式，可以得到频谱估计基本方程

$$y(f) = \int_{-1/2}^{1/2} K_N(f - \upsilon) \, dx(\upsilon) \tag{3 - 12}$$

其中

$$K_N(f) = \frac{\sin N\pi f}{\sin \pi f} e^{-j2\pi f \left(\frac{N-1}{2}\right)} \tag{3 - 13}$$

为狄利克雷核。关于基本方程，需要记住以下几点：

1）因为是通过 $y(f)$ 的逆傅里叶变换恢复 $0 \leqslant t \leqslant N - 1$ 的 $x(t)$，所以 $y(f)$ 为充分统计量，并完全等同于原始数据。

2）有限傅里叶变换 $y(f)$ 不等于频谱生成器 $dX(\upsilon)$。记住，根据假设，$dX(\upsilon)$ 生成的是全部 t 的整个数据序列，而不是部分观测数据。

3）尽管有多种初步定义，$(1/N) |y(f)|^2$ 并不是频谱，甚至在大 N 极限内也不是。它只是存在偏差和不一致性的周期图。

4）虽然式（3 - 12）形式上是含狄利克雷核的 dX 卷积，但是它结构上更像是一类弗雷德霍姆积分。同样地，它没有唯一解，但有一般近似解。上述的"多窗谱估计"并不是特殊估计，而是一类估计：通过多窗谱方法确定的此类估计用于形成积分方程的必要近似解。从这点看，频谱估计实际上是逆问题，因此是不适定估计。

由于多窗谱方法已在 Percival 和 Walden 的书[20] 中得到描述，而且在许多文献中已成

为地球物理学"标准"[21]，这里就不再赘述。①

3.3.2　逆问题频谱估计

根据基本方程式（3-12），为了计算积分函数在区间 $(f-W, f+W)$ 的本征解，假设 dX 可观测部分在局部频域 $(f-W, f+W)$ 上的展开式为

$$d\hat{X}(f-v) = \sum_{k=0}^{k-1} x_k(f)V_k^*(v)dv \tag{3-14}$$

其中，$V_k(v)$ 为 Slepian 函数或离散椭圆球面波函数［函数定义见第 2 章的方程式（2-13）］。利用积分方程和 Slepian 函数特性，得到原始展开式或特征系数

$$y_k(f) = \sum_{t=0}^{N-1} e^{-j2\pi ft} v_t^{(k)}(N, W) x(t) \tag{3-15}$$

即以第 k 个 Slepian 序列 $v_t^{(k)}(N, W)$ 为窗口的数据 $x(t)$ 的傅里叶变换。对应特征值 $\lambda_k = 1$ 的函数，保留 $K = 2NW$ 个系数，用于后续推导。这些系数表示投影到局部频域上的信号信息。该过程类似常规有窗频谱估计，其可以使用快速傅里叶变化（FFT）算法提高计算效率，但是区别在于它把标准估计作为多窗谱展开式的第一项。

因为 Slepian 序列为限时序列，所以不能精确限带，而且第 k 个序列的部分 $1 - \lambda_k(N, W)$ 在区间 $(-W, W)$ 的外部。如果不经修正，此类带外能量产生的偏差对于高次（即次数 $k = K$）特征值来说是非常严重的偏差。至今为止，处理这一外部偏差的最佳方法是参考文献［28］提到的相干旁瓣减法。这里选择足够大的带宽 W，以使在 $k \ll K$ 时低次项的偏差可以忽略和 $x_k(f) \approx y_k(f)$，从而可以通过 $x_k(f) \approx y_k(f) - \hat{b}_k(f)$ 估计 k 较大的高次特征值。利用式（3-14）的估计计算 Slepian 序列外卷积获得偏差估计 $\hat{b}_k(f)$，并进行迭代。用 $x_k(f)$ 表示估计特征值，并合并到向量 $x(f)$ 中，得到

$$x(f) = [x_0(f), x_1(f), \cdots, x_{K-1}(f)]^T \tag{3-16}$$

为了观察估计对带宽 W 的依赖性，重新调用 $K = \lfloor 2NW \rfloor$ 个特征值近似等于 1 的窗口。如果频谱在局部频域内是平滑的，那么这些系数不相关。这是因为这些窗口都是正交的，而且每个窗口贡献 2 个自由度，所以内积 $x^H(f)x(f)$ 有 $2K$ 个自由度，其中上标 H 表示共轭转置。如果 W 太小，那么统计稳定性变得很差；如果 W 太大，估计的频率分辨率太低。因此，一般选取 $1.5/N \sim 20/N$ 之间的 W 值和 4 或 5 的时间带宽积作为起始点。对于自由度数为 12 或 16 的估计，$W = 4/N$ 或 $5/N$，$K = 6$ 或 8。

但是，应当强调的是这些只能应用于形式最简单的估计、两种二次逆估计（见参考文献［29］和［30］），以及那些很大程度上与 W 取值无关的高分辨率自由参数估计。而且，这些估计还都给出时间序列的隐含外推值。

---

① 关于多窗谱方法的扩展，参见文献［22-24］。在 Gubbins[25] 和 Weedon[26] 的著作中分别描述了多窗谱方法的其他两种扩展方法。另外还有一种特别重要的扩展见参考文献［27］。

3.4 高分辨率多窗谱频谱图

通过式（3-14）确定 $\mathrm{d}\hat{X}$ 估计，定义窄带过程

$$X(t,f) = \int_{-W}^{W} \mathrm{e}^{\mathrm{j}2\pi t\xi} \mathrm{d}\hat{X}(f \oplus \xi) \tag{3-17}$$

其中 $\oplus$ 表示增加约束 $|\xi| < W$。进行 Slepian 函数逆变换，$X(t,f)$ 变为

$$X(t,f) = \sum_{k=0}^{K-1} \sqrt{\lambda_k} \, v_t^{(k)} x_k(f) \tag{3-18}$$

其中 λ_k 为第 k 个特征值。很明显，复函数 $X(t,f)$ 不像是时频分布，而更像是滤波组输出。但是注意，第一，如果写出隐式滤波器的近似脉冲响应，它们将从 $t = 0$ 处的最大相位，变化到 $t = (N-1)/2$ 的零相位，再到 $t = N-1$ 的最小相位。第二，这里定义的 $X(t,f)$ 用于外推区间 $[0, N-1]$ 外部的信号到 t，从而近似 Papoulis 估计[31]。根据平方振幅 $|X(t,f)|^2$，可得下面关于时间和频率的功率函数

$$F(t,f) = \frac{1}{K} \left| \sum_{k=0}^{K-1} \lambda_k x_k(f) v_t^{(k)} \right|^2 \tag{3-19}$$

即有效高分辨率频谱图。对此分布进行时间积分，得到基本多窗谱频谱估计

$$S(f) = \frac{1}{k} \sum_{k=0}^{k-1} \lambda_k |x_k(f)|^2 \tag{3-20}$$

从而计算得到比简单匹配 $|y(f)|^2$ 的时频分布更精确的功率分布。同样地，对 $F(t,f)$ 进行频率积分，得

$$\int_{-\infty}^{\infty} F(t,f) \mathrm{d}f = \frac{1}{K} \sum_{n=0}^{N-1} \left| \sum_{k=0}^{K-1} \lambda_k v_t^{(k)} v_n^{(k)} \right|^2 |x(n)|^2 \tag{3-21}$$

或者近似为 $|x(t)|^2$ 与 sinc 函数 $[\sin(2\pi Wt)/(\pi t)]^2$ 的卷积。因此，在分辨区间 $\Delta t = 1/(2W)$ 内，可认为功率在时间上近似不变。同样地，基于 Slepian 序列的窄带特性，对于频率间距大于 $2W$ 的要素，相关交叉项可以忽略，因此，时频分辨面阶数为 1。但是，该估计存在两个问题：一，其分布"统计上不稳定"；二，与式 $x(t) \cdot y^*(f)$（见参考文献 [5] 的第 14 章）的时频分布一样，该估计可认为是

$$\int \gamma_L(\xi,f) \, \mathrm{e}^{\mathrm{j}2\pi\xi t} \mathrm{d}\xi$$

因此，跨 45°期望 δ 函数域只对两个变量之一进行积分，可获得"混合"连续性。更为严重的问题是，虽然这些估计满足增强边际条件，但是它们忽略了间距大于 $2W$ 的频率间的基本相关性。尽管如此，在一些频谱图有效的应用上，这一"高分辨率"频谱图可以说是在标准版本基础上获得了巨大的进步。显然，这一估计同其他多窗谱估计一样，可以延伸包含重叠的数据段，因此，长数据集的高分辨率频谱图可以通过平均上述估计得到，甚至更多的频谱图也可以通过这种方式得到。扩展式（3-15），以得到显式的基本时间 b 的函数

$$y_k(b,f) = \sum_{t=0}^{N-1} \mathrm{e}^{-\mathrm{j}2\pi ft} v_t^{(k)}(N,W) x(b+t) \qquad (3-22)$$

对应式（3-19），得

$$F(b \oplus t, f) = \frac{1}{K} \left| \sum_{k=0}^{K-1} x_k(b,f) v_t^{(k)} \right|^2 \qquad (3-23)$$

其中，$\oplus$ 表示 $0 \leqslant t \leqslant N-1$ 的和约束。（如上所述，已知这些估计具备外推特性，加上这一约束条件只是为了谨慎起见，并不做严格要求。）3.4.1 节将论述关于非稳定二次逆估计的其他标准频谱图改进方法；3.4.2 节将说明运用 $X(t,f)$ 基本展开式估计频率间相关性的方法。

3.4.1　非稳定二次求逆理论

上述估计的稳定性问题可以采用二次求逆理论[22,28,30,32] "解决"。这是一种直接利用线性逆变换求解特征值生成最小方差无偏估计的方法，不需要用专门的程序先生成线性逆变换，然后进行二次方变换并估计所需二次矩。计算平方核（严格来说，为平方截平核）的特征序列

$$\alpha_l A_l(t) = N \sum_{m=0}^{N-1} \left[\frac{\sin 2\pi W(t-m)}{\pi(t-m)} \right]^2 A_l(m) \qquad (3-24)$$

这些序列迅速逼近连续时间问题的序列[33]，并有大约 $4NW$ 个非零特征值。因此，$\alpha_l \sim 2NW - l/2, l = 0, 1, \cdots, 4NW$；因为二次逆系数的方差与 α_l^{-1} 成比例，所以前面几个系数像标准多窗谱频谱一样近似稳定。相伴基础矩阵

$$A_{jk}^{(l)} = \sqrt{\lambda_j \lambda_k} \sum_{t=0}^{N-1} v_t^{(j)} v_t^{(k)} A_l(t) \qquad (3-25)$$

为实数、对称、迹正交的，即

$$\mathrm{tr}\{\boldsymbol{A}^{(l)} \boldsymbol{A}^{(m)}\} = \alpha_l \delta_{lm} \qquad (3-26)$$

对应 $F(t,f)$ 的展开式系数为

$$\hat{p}_l(b,f) = \frac{1}{\alpha_l} \boldsymbol{X}^{\mathrm{H}}(b,f) \boldsymbol{A}^{(l)} \boldsymbol{X}(b,f) \qquad (3-27)$$

于是，得到

$$P(t,f) = \sum_{l=0}^{N-1} \hat{p}_l(f) A_l(t) \qquad (3-28)$$

通常，系数 $\hat{p}_l(f)$ 自身就含有丰富的信息（见参考文献 [32] 和 [34]）。特别是，当零阶函数 $A_0(t)$ 近似恒定时，$\boldsymbol{A}^{(0)} \approx \boldsymbol{I}$，其中 $\boldsymbol{I}$ 为单位矩阵；$\hat{p}_0(f)$ 近似为标准多窗谱频谱。当一阶函数 $A_1(t)$ 近似等于 $t-(N-1)/2$ 时，$\boldsymbol{A}^{(1)}$ 在对角线上等于零，在次级和上级对角线上近似恒定；$\hat{p}_1(f)$ 近似为频谱的一阶时间导数。其他依次类推。$\hat{p}_1(f)/\hat{p}_0(f)$ 近似为自然对数 $\ln S(t,f)$ 的时间导数，是一个很有用的特殊量。例如，在参考文献 [34] 中，可以找到利用 1854—1992 年全球温度序列残差计算得到的 $\hat{p}_1(f)$。这一序列可以认为形式上是非稳定的，原因很简单，并不难以理解：自从 1854 年以来，仪器在不断改进，

空间覆盖范围在不断扩大。在此例中，二次逆估计要优于频谱图或 Loève 频谱；因为功率下降较少，而且数据序列只有 138 个样本，所以频谱图计算较为困难，也较容易误解。此时，噪声频谱的负导数可能反映的只不过是 1854 年以来在仪器和空间覆盖范围方面的提升。

按照 $A_l(t)$ 展开式（3-19）的 $F(t,f)$，可以看到系数 $F_l(f)$ 偏差为 α_l/K。虽然 $F(t,f)$ 为有偏正定，但是截断和吉布斯（Gibbs）现象可使 $P(t,f)$ 为负。

虽然频谱图对相差较大的频率间相关性不敏感，但是当频谱的时间变化较慢时，通过频谱图就可以形成一个有用的时频分布中间级。二次逆估计可以通过允许改变时间块内功率和时间块间检测改进频谱图。

由于多窗谱方法基础理论通常以有限时间块大小 N 的形式表达，显然可以用相同的方法重叠时间块生成频谱图。在每个时间块中，可估计动态频谱 $D(t,f)$ 及其频率导数

$$D'(t,f)=\frac{\partial D(t,f)}{\partial f}$$

和时间导数

$$\dot{D}(t,f)=\frac{\partial D(t,f)}{\partial t}$$

以及更高阶导数。

这些低阶项非常稳定，而且它们的方差与 $1/\alpha_l$ 成比例。因为 $\hat{p}_0(f)$ 近似为频谱，$\hat{p}_1(f)$ 近似为频谱的一阶时间导数等，所以可以利用这些低阶项生成"更平滑"或者更优的 $D(t,f)$ 及其时间导数 $\dot{D}(t,f)$，以检验估计 $D(t+\Delta,f)$ 是否"合理"。另外，把 $F(t,f)$ 的"奈奎斯特采样率"简化为 $\Delta=1/(2W)$，可在每个时间块内得到 K 个间距为 N/K 的样本。因此，如果时间块偏差为 Δ，那么在时频平面的每个点上有 K 个估计，就可以计算其平均值和方差。因为时间块间的协方差可以计算，而且相关方差的同质性可测，所以这一程序可用于检验 N 和 W 的选择是否合理。假设估计是合理的，那么注意，每个重新采样时间上的 $F(t,f)$ 平均数将非常稳定。因为时间块间具有相关性，平均数稳定性将小于 $2K$ 个自由度，但是 $\log \chi_2^2$ 分布的小长尾特性也将被严重抑制。采用对数频谱的原因是：1）形式上，信号信息量的测度是它的熵——一种对数测度；2）实际上，大部分的工程应用都以供人使用为目标而设计，而且人类的眼睛和耳朵都具备对数响应特点。除日震学之外，很难找到不按对数（或分贝）标度绘制的功率谱曲线。因此，所获得的频谱图有着良好的稳定性和时间分辨率！

3.4.2　Loève 频谱多窗谱估计

选取频率分别为 f_1 和 f_2 的复解调信号，它们的协方差估计明显为

$$\hat{\gamma}(f_1,f_2)=\frac{1}{K}\sum_{t=0}^{N-1}X(t,f_1)X^*(t,f_2) \tag{3-29}$$

其归一化与独立样本的数量成比例。根据 Slepian 序列的正交性，可以得到式（3-29）的等价表达式

$$\hat{\gamma}(f_1, f_2) = \frac{1}{K} \sum_{k=0}^{K-1} x_k(f_1) x_k^*(f_2) \tag{3-30}$$

这就是参考文献［19］给出的估计；一般来说，它的适用性较好（详见参考文献［35 -
37］）。另外一个方法是假设双估计乘积的近似表达式为

$$dX(f \oplus \xi) \sim \sum_{k=0}^{K-1} \hat{x}_k(f) V_k(\xi) d\xi \tag{3-31}$$

其中 $|\xi| < W$，那么基于 3.3 节的连续性论点，可以使用权数 $W(\xi_1, \xi_2) = \delta(\xi_1 - \xi_2)$，
从而实现在带宽 W 内，稳定频率有平滑滤波，非稳定频率无平滑滤波，并且，可获得相
同的估计。参考文献［38］也提出了类似的滤波方法，并在参考文献［39］中得到有效的
应用。

定义双频相干性

$$C(f_1, f_2) = \frac{\hat{\gamma}(f_1, f_2)}{[S(f_1) S(f_2)]^{1/2}} \tag{3-32}$$

可绘制双频频谱，它包含平方量级相干性 $|C(f_1, f_2)|^2$ 和相关相位 $\arg\{C(f_1, f_2)\}$。这
一平方量级相干性（MSC）的显著性水平计算与一般 MSC 的计算完全一样（见参考文献
［40］）。

关于该方法的其他延拓，由于数量太多，这里不方便一一描述，只概述下面几个
方向：

1）式（3 - 30）中的相关性估计可以延拓包含时间延迟，即 ave
$\{X(t, f_1)(X^*(t + \tau, f_2))\}$，得到二次表达式

$$\hat{\gamma}(f_1, f_2, \tau) = \sum_{j=0}^{N-1} \sum_{k=0}^{N-1} x_j(f_1) x_k^*(f_2) B_{jk}(\tau) \tag{3-33}$$

其中，B_{jk} 为延时 τ 的函数。

2）例如，利用含 $A^{(1)}$ 的类似二次表达式检验频率间的能量传递。更普遍的是，对于
所关注的特殊谱型，选取权数 $W(\xi_1, \xi_2)$ 进行强调，在 $-W < \xi_1, \xi_2 < W$ 积分以得到合
适的权矩阵。

3）把 $X(t, f)$ 当成一个矩阵，可按 $S(f)^{1/2}$ 缩放，计算奇异值分解（SVD），然后
把主要的时间特征向量作为新的时间序列。

4）多元时间序列也可以应用同样的方法；在二变量问题中，计算
$\mathrm{ave}\{X(t, f_1) Y^*(t, f_2)\}$，或者在 SVD 过程中"堆叠"类似序列。

5）在通信信号中，遇到信号相同但边带相反的情况较为普遍。如参考文献［19］所
述，在此情况下，可以通过非共轭第二个系数，得到与标准平滑滤波器正交的平滑滤波
器。在处理其他复数据时[41]，也遇到了类似的问题。

3.5　雷达信号频谱分析

现在把本章描述的理论概念应用于三种不同环境条件的雷达数据集。这三种条件分别

是海杂波、海杂波中弱目标信号和海杂波中强目标信号。目标信号产生于海浪动力学条件下的洋面漂浮碎冰回波[①]。注意，这些不是仿真数据，而是真实数据；因此，所有 3 个序列中的杂波分量都不同，并且其能量随环境条件变化。每个序列包含 256 个复数样本，这些样本的采样间隔时间为 $\Delta T = 1.0 \text{ ms}$。

图 3-1（a）～（c）是采用 3.4 节方法计算所得数据的高分辨率频谱图；它们把 229 个样本的结果均分为 10 段，每段偏移 3 个样本。每段的时间-带宽乘积为 6，窗口个数 $K = 10$。于是，带宽为 $\pm 6/(229\Delta T) = \pm 26 \text{ Hz}$。这里应用的段偏移量小于前述的量，且使用段平均抑制 $\log\chi^2$ 分布的小尾特征。（通常不会尝试计算样本数量为 256 的频谱图。）杂波频谱图［图 3-1（a）］显示 -110 Hz 附近频带的功率比其他地方的大，但是在别的方面，杂波频谱上的频谱图相当平滑。这是因为接收机噪声大约为 20 dB，小于杂波频谱。

相反地，弱目标频谱图［图 3-1（b）］显示，除杂波频谱图显示的特征外，$t = 27 \text{ ms}$ 附近有一根与频率无关的垂直条纹（因时间序列剪取），-25 Hz 附近有第二根频率条纹。

在强目标频谱图［图 3-1（c）］中，中心在 0 Hz 附近的条纹（表示目标信号的多普勒频移）非常明显，而且仍然存在杂波带。存在较弱杂波图频带可能是由相干接收机的同相和正交通道不平衡导致的。

图 3-2（a）～（c）显示了相应 Loève 频谱估计，并突出显示超出频谱图的信息增益。首先，三张图中的对角线都比较清晰，说明数据周期相关。换句话说，海杂波存在周期稳定性[②]。海杂波的这一特性并不明显，也不期望出现在频谱图中。在图 3-2（a）中，同前面一样，可以看到 -125 Hz 附近的杂波 Loève 频谱峰值。如图 3-2（b）所示，在弱目标信号的情况下，-25 Hz 附近存在一个额外的峰值。如图 3-2（c）所示，在强目标信号的情况下，峰值出现在 0 Hz 处，但是，与频谱图相反，杂波的周期相干性依然明显。

图 3-3（a）～（c）分别为纯海杂波、海杂波加弱目标、海杂波加强目标对应的 Wigner-Ville 分布图。从图中可观察到一个重要的特征，因存在目标信号而出现的斑马纹图案（明暗交替的条纹）。该图案位于 0 Hz 附近的目标瞬时频率曲线和杂波的瞬时频率曲线之间。这一图案表示由同时存在目标信号和杂波而产生的交叉 Wigner-Ville 分布项。更重要的是，此类斑马纹在目标信号-杂波比较小时相当明显，在目标信号-杂波比变化时相对稳定。

---

① 这里采用的雷达数据是利用 IPIX 雷达在 Newfoundland Bonavista 角的一处站点于春末夏初之际收集而来；小块碎冰（通常指"残碎冰山"）是从海岸线数千米外的冰山崩裂分离而来；IPIX 雷达的介绍见第 1 章。

② 随机过程 $x(t)$ 广义上可以说是周期相关的，如果它的二阶统计（即平均值和自相关函数）存在周期性，如下

• 平均值：$\mu_x(t_1 + T) = \mu_x(t_1)$；

• 自相关函数：对于所有 t_1 和 t_2，$R_x(t_1 + T, t_2 + T) = R_x(t, t_2)$。

那么，加上周期 T 后，可以对随机过程 $x(t)$ 进行周期性建模。例如，参考文献［42，43］中的周期性过程就是通过改变正弦载波的振幅、相位或频率得到的调制过程。

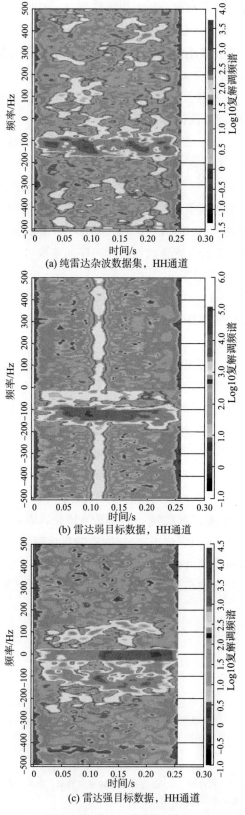

(a) 纯雷达杂波数据集，HH通道

(b) 雷达弱目标数据，HH通道

(c) 雷达强目标数据，HH通道

图 3-1　动态频谱

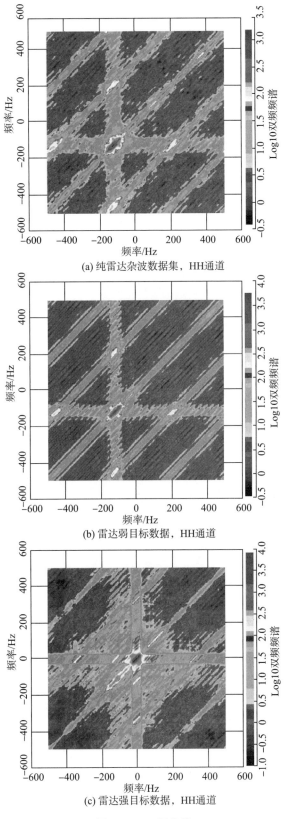

(a) 纯雷达杂波数据集，HH通道

(b) 雷达弱目标数据，HH通道

(c) 雷达强目标数据，HH通道

图 3-2　双频曲线

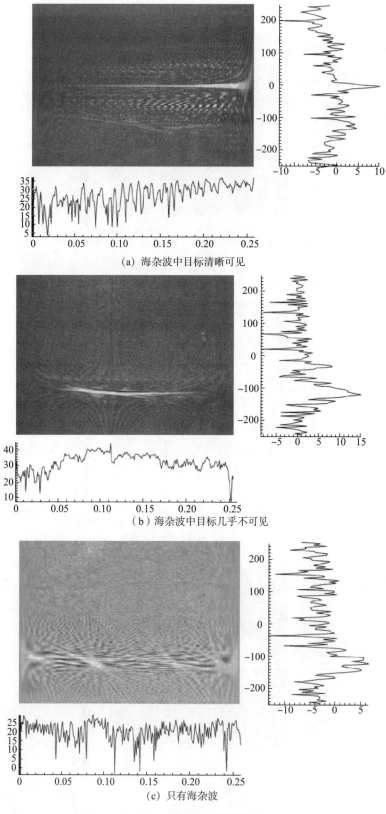

(a) 海杂波中目标清晰可见

(b) 海杂波中目标几乎不可见

(c) 只有海杂波

图 3 - 3　Wigner - Ville 频谱

虽然图 3 - 1 和图 3 - 2 为采用多窗口方法得到的高分辨率雷达信号动态频谱估计图，与图 3 - 3 Wigner - Ville 分布互有同异，但重要的是，从这两组图中，可以看出，两种方法都以各自的方式强调了不同类型雷达信号的区别，而且比原时间序列更为明显。这两种方法的优点在于能够把隐藏在强烈杂波背景下的弱目标信号在信号处理项中显现出来。

3.6　小结

本章的两项重要内容为：

1）论述了如何应用 Loève 频谱和多窗谱频谱分析方法这两种数学工具，处理非稳定信号（虽然以压缩形式）的时频分析问题。此外，证明了著名的 Wigner - Ville 分布为动态频谱瞬时估计，其中后者为旋转 Loève 频谱。

2）基于真实数据，运用该理论研究海面相干雷达回波的时频内容。研究的环境条件有以下 3 个：

　　a）纯海杂波；

　　b）弱（几乎不可见）目标加海杂波；

　　c）强目标加海杂波。

研究结果大致如下：

图 3 - 1 和图 3 - 2 分别为时间-频率（频谱）和双频（相干）图，显示了纯杂波、杂波加弱目标、杂波加强目标三种不同环境条件的特征。从图 3 - 2 的三张双频图中获得重大的发现：沿 $45°\sim225°$ 方向明显存在平行条纹。由于海杂波是这三张图唯一的共有部分，因此这一观察结果表明海杂波具有周期稳定性。该特性意味着海杂波的基本特征确实包含某些形式的调制。这一点将在第 4 章和第 5 章介绍的结果中得到证明。

图 3 - 3 为 Wigner - Ville 分布（WVD）图，同样清楚地显示了三种环境条件的差异，以及 WVD 特征。特别是图 3 - 3（b）和（c）显示的斑马纹图案，表示因目标信号和海杂波同时存在而产生的交叉 WVD 项。

3.6.1　目标探测的根本在学习

人类为"视觉"思考者。基于图 3 - 1～图 3 - 3 的二维图，似乎可以把它们用作不同环境条件的"示例"，建立模式分类器。图 3 - 4 的后检波结果[①]证明了将这一方法应用于目标探测的可行性，特别是该图显示了海杂波内弱目标所探测到的运动与雷达测距选通门的关系曲线。图 3 - 4 的左图为常规多普勒恒定虚警率（CFAR）接收机的输出，右图为对应的神经网络（NN）接收机的输出。NN 接收机包含基于 Wigner - Ville 分布的时频分析器，以及两个通道：一个是基于纯海杂波数据训练的通道，另一个是基于海杂波加目标数据训练的通道。这两类训练采用了不同环境条件下采集的大量实例。在图 3 - 4 中，目标

---

① 图 3 - 4 的后检波结果来自于赫金和 Bhattacharya 合写的论文［44］。该论文还详细描述了用于计算图 3 - 4 结果的 NN 接收机。

探测为黑色部分。已知目标沿海面移动的时间（大约 65s），图中很理想地显示了宽度为 5m（由雷达接收机的设计测距选通门确定）的黑色垂直条带。对比左右两张图，可以得到以下两个相关观测结果：

1）相比常规多普勒 CFAR 接收机，NN 接收机表现出更好的探测性能。

2）NN 接收机探测弱目标失败的很大原因是：目标时常处于海浪后面，不能反射雷达回波。

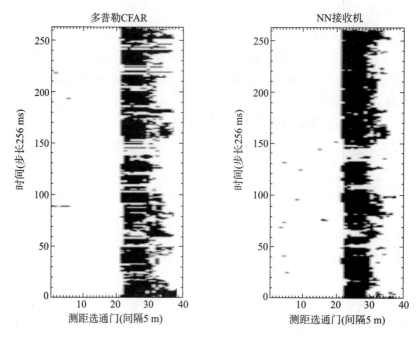

图 3-4　多普勒 CFAR 和 NN 接收机的后检波结果

CFAR 处理器以模型为基础，即以环境的统计模型为基础进行设计；作为基础的模型中有效嵌入了关于基本环境物理特性的先验知识。相应地，其性能取决于模型的品质。然而，CFAR 处理器吸引力较大的特点是可具备自适应性，以适应各种环境变化。相反地，NN 接收机（见参考文献［44］）允许真实雷达数据库（用于训练神经网络）"陈述自身情况"，因此，它不存在统计模型需求。但是，此类接收机要想能够在所有可能的环境条件下成功工作，那么所用的雷达数据库就必须能够完全代表环境。于是，这一要求产生了下面两个实际问题：

1）如果期望雷达数据库覆盖所有可能出现的环境行为，那么需要的人工和费用非常可观。

2）花在神经网络训练上面的时间和人力也非常可观。

为绕开构建全代表性数据库遇到的困难，可以考虑二阶段设计策略：第一阶段为长期记忆设计；第二阶段为短期记忆设计。对于第一阶段设计，覆盖环境"粗行为"的部分代表性数据库就足够了。该数据库用于训练可监控神经网络；一旦训练结束，就固定神经网络的可调节权数（参数）。因此，就可以把训练数据包含的知识存储在权数中，并把经过训练的神经网络当作长期记忆。关于可监控神经网络训练，参考文献 [45] 提出了几种有效的程序。因此，可以说第一阶段的设计比较简单，第二阶段的短期记忆设计就比较具有挑战性，作者仍在努力设计原理程序。

　　这种二阶段方法可以从直观上满足雷达接收机设计要求。在某种意义上，该方法模拟了人脑探测目标的方式：长期记忆代表大脑从以往与环境的互动中获得的知识（经验）；短期记忆代表大脑从当前与环境的互动中获得的新知识。因此，对于这种二阶段目标探测雷达的设计方法，应当给予足够的重视。

参 考 文 献

［1］ M. LOÈVE (1946). Fonctions aleatoires du second ordre, *Rev. Sci. Paris* , 84, 195 - 206.

［2］ M. LOÈVE (1963). *Probability Theory* , Van Nostrand, New York.

［3］ W. KOENIG, H. K. DUNN, AND L. Y. LACY (1946). The sound spectrograph. *J. Acoustical Soc. Amer.* , 18, 19 - 49.

［4］ J. C. STEINBERG AND N. R. FRENCH (1946). The portrayal of visible speech. *J. Acoustical Soc. Amer.* , 18, 4 - 18.

［5］ L. COHEN (1995). *Time - Frequency Analysis* , Prentice - Hall, Englewood Cliffs, NJ.

［6］ FRANK. L. VERNON III (1989). *Analysis of Data Recorded on the ANZA Seismic Network* , Ph. D. thesis, University California, San Diego, 1989.

［7］ L. RAYLEIGH (1889). On the character of the complete radiation at a given temperature. *Philosophical Magazine* , XXVII, 460 - 469. (in *Scientifi c Papers by Lord Rayleigh* , Volume V, Article 160, 268 - 276, Dover Publications, New York, 1964).

［8］ L. RAYLEIGH (1903). On the spectrum of an irregular disturbance. *Philosophical Magazine* , 41, 238 - 243. (in *Scientifi c Papers by Lord Rayleigh* , Volume V, Article 285, 98 - 102, Dover Publications, New York, 1964).

［9］ L. RAYLEIGH (1912). Remarks concerning Fourier's theorem as applied to physical problems. *Philosophical Magazine* , XXIV, 864 - 869. (in *Scientifi c Papers by Lord Rayleigh* , Volume VI, Article 369, 131 - 135, Dover Publication, New York, 1964).

［10］ R. A. FISHER (1922). On the mathematical foundations of theoretical statistics. *Phil. Trans. Roy. Soc.* , *London* , *Series A* , 111, pp. 309 - 368.

［11］ F. HLAWATSCH (1992). Regularity and unitary of bilinear time - frequency signal representations, *IEEE Trans. Information Theory* 38, 82 - 94.

［12］ G. A. PRIETO, F. L. VERNON, G. MASTERS, AND D. J. THOMSON (2005). Multitaper Wigner - Ville spectrum for detecting dispersive signals from earthquake records. In *Proc. of the Thirty - Ninth Asilomar Conf. on Signals* , *Systems* , *and Computers* , 938 - 941.

［13］ W. MARTIN (1982). Time - frequency analysis of random signals, *Proc. ICASSP* , pp. 1325 - 1328.

［14］ P. FLANDRIN (1986). On the positivity of the Wigner - Ville Spectrum, *Signal Processing* 11, 187 - 189.

［15］ P. STOICA AND T. SUNDLIN (1999). On nonparametric spectral estimation. *Circuits Systems Signal Process.* , 18, 169 - 181.

［16］ L. T. McWHORTER AND L. L. SCHARF (1998). Multiwindow estimators of correlation. *IEEE Trans. on Signal Processing* , 46, 440 - 448.

［17］ C. T. MULLIS AND L. L. SCHARF (1991). Quadratic estimators of the power spectrum. In S. Haykin, editor, *Advances in Spectrum Analysis and Array Processing* , 2, 1 - 57. Prentice -

Hall.

[18] S. T. SMITH (2005). Statistical resolution limits and the complexifi ed Cramér – Rao bound. *IEEE Trans. on Signal Processing* , 53, 1597 – 1609.

[19] D. J. THOMSON (1982). Spectrum estimation and harmonic analysis, *Proc. IEEE* 70, 1055 – 1096.

[20] D. B. PERCIVAL AND A. T. WALDEN (1993). *Spectral Analysis for Physical Applications*; *Multitaper and Conventional Univariate Techniques* , Cambridge University Press, New York.

[21] L. I. TAUXE (1993). Sedimentary records of relative paleointensity of the geomagnetic field; theory and practice, *Rev. Geophys* 31, 319 – 354.

[22] D. J. THOMSON (2000). Multitaper analysis of nonstationary and nonlinear time series data. In W. Fitzgerald, R. Smith, A. Walden, and P. Young, editors, *Nonlinear and Nonstationary Signal Processing* , 317 – 394. Cambridge University Press.

[23] D. J. THOMSON, L. J. LANZEROTTI, AND C. G. MACLENNAN (2001). The interplanetary magnetic field: Statistical properties and discrete modes. *J. Geophys. Res.* , 106, 15941 – 15962.

[24] D. J. THOMSON (2005). Quadratic – inverse expansion of the Rihaczek distribution. In *Proc. of the Thirty – Ninth Asilomar Conf. on Signals, Systems and Computers* , 912 – 915.

[25] D. GUBBINS (2004). *Time Series Analysis and Inverse Theory for Geophysicists* . Cambridge University Press.

[26] G. WEEDON (2003). *Time – Series Analysis and Cyclostatigraphy* . Cambridge University Press.

[27] D. J. THOMSON AND A. D. CHAVE (1991). Jackknifed error estimates for spectra, coherences, and transfer functions. In S. Haykin, editor, *Advances in Spectrum Analysis and Array Processing* , volume 1, chapter 2, 58 – 113. Prentice – Hall.

[28] D. J. THOMSON (1992). Quadratic – inverse spectrum estimates; applications to paleoclimatology, *Phil. Trans. R. Soc. Lond. A* . 332, 539 – 597.

[29] D. J. THOMSON (1990). Time series analysis of Holocene climate data, *Phil. Trans. R. Soc. Lond. A.* 330, 601 – 616.

[30] D. J. THOMSON (1994). An overview of multiple – window and quadratic – inverse spectrum estimation methods, *Proc. ICASSP* . 6, 185 – 194.

[31] A. PAPOULIS. A new algorithm in spectral analysis and band – limited extrapolation, *IEEE Trans. Circuits Syst* . CAS – 22, 735 – 742.

[32] D. J. THOMSON (1990). Nonstationary fl uctuations in stationary time – series, *Proc. SPIE* . 2027, 236 – 244.

[33] F. GORI AND C. PALMA (1975). On the eigenvalues of sinc^2 kernel, *J. Phys. A: Math. Gen* . 8, 1709 – 1719.

[34] D. J. THOMSON (1977). Dependence of global temperatures on atmospheric CO_2 and solar irradiance, *Proc. Natl. Acad. Sci. USA* . 94, 8370 – 8377.

[35] R. J. MELLORS, F. L. VERNON, AND D. J. THOMSON (1996). Detection of dispersive signals using multi – taper dual – frequency coherence, in *Proceedings of the 18th Seismic Research Symposium on Monitoring a Comprehensive Test Ban Treaty, Annapolis, Maryland* , pp. 745 – 753.

[36] R. J. MELLORS, F. L. VERNON, AND D. J. THOMSON (1998). Detection of dispersive signals using multitaper dual – frequency coherence, *Geophys. J. Int.* , 135, 146 – 154.

[37]　R. SCHILD AND D. J. THOMSON (1997). *The Q*0957＋561 *Time Delay*，*Quasar Structure*，*and Microlensing*，Astronomical Time Series，D. Maoz et al. （eds. ），Kluwer Academic Publishers，Dordrecht，pp. 73 – 84.

[38]　 H. L. HURD （1988）. Spectral coherence of nonstationary and transient stochastic processes，Proc. Fourth IEEE ASSP Workshop on Spectrum Estimation and Modeling，Minneapolis，MN，pp. 387 – 390.

[39]　N. L. GERR AND J. C. ALLEN （1994）. The generalized spectrum and spectral coherence of a harmonizable time series，*Digital Signal Processing* 4，222 – 238.

[40]　G. C. CARTER （ed. ） （1993）. *Coherence and Time Delay Estimation*，IEEE Press，New York.

[41]　C. N. K. MOOERS （1973）. A technique for the cross – spectrum analysis of pairs of complex – valued time series，with emphasis on properties of polarized components and rotational invariants. *Deep – Sea Res* .，20，1129 – 1141. （See comments and corrections by J. H. Middleton in vol. 29，pp. 1267 – 1269，1982）.

[42]　L. E. FRANKS （1969）. *Signal Theory*，Prentice – Hall，Englewood Cliffs，NJ.

[43]　W. A. GARDNER AND L. E. FRANKS （1975）. Characterization of cyclostationary random signal processes，*IEEE Trans. Information Theory* IT – 21，4 – 14.

[44]　S. HAYKIN AND T. BHATTACHARYA （1997）. Modular learning strategy for signal detection in nonstationary environment. In *IEEE Trans. Signal Processing*，45 （6），1619 – 1637.

[45]　S. HAYKIN （1999）. *Neural Networks*：*A Comprehensive Foundation*，Prentice – Hall.

第 2 部分　动力学模型

第 4 章　海杂波动力学[①]

Simon Haykin，Rembrandt Bakker 和 Brian Currie

4.1　引言

非线性动力学是描述许多实际物理现象的基础。比较典型的是，已知一组观测值的时间序列，需找出产生这一时间序列的基本动力学。本质上，系统的动力学可以由一对非线性方程确定：

1）递归处理方程，描述系统隐藏状态向量随时间的变化

$$x_t = f_t(x_{t-1}, v_{t-1}) \qquad (4-1)$$

其中，向量 x_t 是离散时间 t 的状态，v_{t-1} 是 $t-1$ 时刻的动态噪声；向量值函数 f 是非线性的，并且可能是时变函数（因此，下标为 t）。

2）测量方程，描述观测值（即可测变量）对状态的相关性

$$y_t = h_t(x_t, w_t) \qquad (4-2)$$

其中，向量 y_t 是 t 时刻的观测值，w_t 是 t 时刻的测量噪声；向量值函数 h 是非线性的，并且可能是时变函数（因此，下标为 t）。

式（4-1）和式（4-2）定义了最一般形式的非线性时变动态系统的状态空间模型表达式。实际中，模型采用的具体表达式通常受到两个对立方面的影响：数学解析；物理考虑。

当系统为线性，动态噪声 v_t 与测量噪声 w_t 都可累积并且作为独立高斯白噪声过程进行建模时，数学解析最为容易。在特定条件下，运用卡尔曼滤波器[1]就可以求解系统的基本动力学特性。利用已知观测样本序列和观测样本的一步预测新值序列之间一一对应的实际情况，卡尔曼滤波器以一种非常巧妙的方法进行求解；已知时间 $t-1$ 及其之前的所有观测值，新值为观测值 y_t 与其最小均方误差预测之间的差值。

遗憾的是，实际中遇到的多数系统都是非线性系统，使得相关的系统动力学特性求解十分困难。例如，假设如图 4-1 所示的时间序列由随时间变化的信号振幅采样值组成，来自高品质多功能（机械扫描）IPIX 雷达[②]；IPIX 雷达用于以低仰角监视一块海面。该

---

① 本章内容源自论文：SIMON HAYKIN，REMBRANDT BAKKER，AND BRIAN CURRIE（2002）. Uncovering nonlinear dynamics：The case study of sea clutter，*Proceedings IEEE Special Issue on Applications of Nonlinear Dynamics* 90（5），860-881.

② IPIX 雷达见第 1 章。

雷达安放在加拿大东海岸新斯科舍省（Nova Scotia）达特茅斯市（Dartmouth）的一处站点，海平面高度大约为 30 m。雷达以凝视模式工作，这样雷达记录的海杂波（即来自海面的雷达后向散射）动态情况将完全由海浪运动和海面自然运动产生。本章通篇应用三组不同的数据集，其中前两组在小浪高（0.8 m）条件下测得，标记为 L_1 和 L_2；第三组在大浪高（1.8 m）条件下测得，标记为 H。这三组数据集的特点见附录 A。

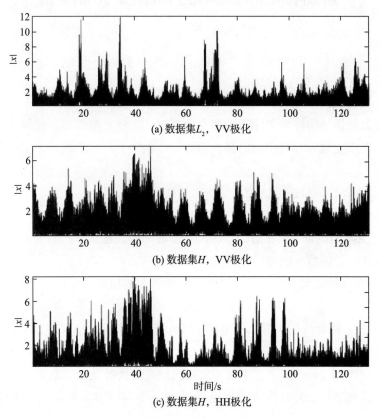

(a) 数据集 L_2，VV极化

(b) 数据集 H，VV极化

(c) 数据集 H，HH极化

图 4-1　雷达回波图

$|x|$ 是回波信号复数包络的量值。x 的单位为标准单位

　　根据方程式（4-1）和式（4-2）描述的动态系统观点，可以找出造成图 4-1 所示时间序列形态复杂、难以理解的 6 个因素：

　　1）状态维数；

　　2）状态随时间非线性变化的函数 f；

　　3）可能存在的使状态随时间变化复杂化的动态噪声；

　　4）影响雷达观测值与状态相关性的函数 h；

　　5）由于记录海杂波数据的设备不完善，不可避免存在的测量噪声；

　　6）因为海杂波固有的非稳定特性，所以式（4-1）和式（4-2）中的非线性函数都明显与时间 t 相关。

　　如果上述参数或过程有多个未知，那么海杂波的基本动力学特性就难以确定。

　　像图 4-1 中呈现随机状的时间序列，可以按照多个精度等级建模。最粗糙的建模是只看数据的概率密度函数（PDF），忽略任何时间相关性。下一级是通过线性或更高阶关系建立时间相关性模型，其他用 PDF 描述。第三级有时可以应用于表现出低维度动力学特性的系统[2-7]。对于这些系统的子集，即确定性混沌系统，时间序列可以完全用非线性估计描述，并且，如果模型完美和测量无噪声，那么不存在任何剩余误差。确定性混沌方法在通过计算模型再现隐藏于试验数据底下的机理方面具有巨大的潜力，已经引起了众多自然和应用科学界学者的关注。这些学者试图确认所用数据是否接近混沌，能否应用确定性建模方法。多位学者早先的工作促成了混沌理论，包括 Kaplan 和 Yorke[8]、Packard 等[9]、Takens[10]、Mañé[11]、Grassberger 和 Procaccia[12]、Ruelle[13]、Wolf 等[14]、Broomhead 和 King[15]、Sauer 等[16]、Sidorowich[17]、Casdagli[18]。实际上，正是这些论文激起了人们对确定性混沌方法的兴趣，并把它作为解释海杂波基本动力学的可能机理[19-23]。可惜的是，当前可用于估计海杂波混沌不变量的最新算法得到了不确定性结果（原因稍后在 4.3 节解释），不禁让人严重怀疑确定性混沌方法能否作为海杂波非线性动力学一种可能的数学基础。在无法设计可靠的海杂波动态重构算法时，对确定性混沌方法的疑虑进一步加深。

　　一直以来，这里研究海杂波的动因主要有以下具有实际意义的三点：

　　1）海杂波是非线性动态过程，其中时间在特征提取中起到关键的作用。相反，过去 50 年所做的海杂波特征提取工作，多数集中在海杂波统计上，除了适应随时间变化的统计参数外，很少关注时间[24-30]。

　　2）认识海杂波的非线性动力学特性，不仅对于认识海杂波很重要，而且对于联合探测和跟踪海面或近海面点目标也非常重要。此类目标包括低空飞行的飞机、小型水面舰船和危险漂浮物（如浮冰）等。

　　3）鉴别能够应用于海杂波可靠表征的非线性动力学相关文献。

　　考虑到目前对海杂波的统计和动力学的了解，本章正是基于这些目标而编写的。

　　本章下面的内容为：4.2 节系统介绍海杂波的经典模型，重点是复合 K 分布。4.3 节综述海杂波确定性混沌分析应用的相关文献记载的结果，并得出结论：真实的试验时间序列为混沌的这一发现，很有可能是会应验的预言。这一观点根据早期的论点"海杂波为确定性混沌过程的结果"就可以证明。4.4 节回顾调制理论的基本原理，给出新的试验结果，证明海杂波是混合连续波调制过程的结果，包括振幅调制与频率调制；并且，提出一个某种程度上与早期空中交通管制环境下雷达杂波的自回归建模工作[31-34]相关的时变、数据相关自回归海杂波模型。最后一节给出结论，并总结当前关于海杂波非线性动力学递归学习模型的研究方向。

4.2　海杂波统计特性：经典方法

　　海杂波指海面产生的后向散射雷达波。它作为随机过程建模已经有很长一段时间的历史，可以追溯到 Goldstein 早期的研究[24]。这样做的主要原因之一是，海杂波的波形呈现出随机形状。在传统观点中，如玻耳兹曼（Boltzmann），认为自然界中物理过程的无规则行为是由大量的系统自由度相互作用引起的，即统计学方法的合理性所在。

对于需要描述的杂波特性，雷达波形可从三个信号域进行表征，即振幅、相位和极化。非相干雷达只测量杂波信号的包络（振幅）。相干雷达可以测量信号的振幅和相位。在两类雷达中，极化效应都很明显。在论述极化效应之前，需要先了解海面特征和低仰角雷达几何考量的背景。

4.2.1　背景

雷达回波的特性取决于表面的粗糙度[35]。海面粗糙度通常可以用两类基本波描述：一类是重力波，波长在数百米和几分之一米之间，主要回复力为重力；另一类是较小的表面张力波，波长为厘米级甚至更小，主要回复力为表面张力。

重力波用于描述海面的宏观结构，可进一步细分为海浪和涌浪。海浪由当地的风形成的风浪组成，这些风浪的浪峰矮并且陡峭。涌浪波长较长，形状近似为正弦曲线，由远处的风形成。在各种风、涌浪、当地大气湍流的相互作用下，海面极度不规则。在海岸线附近，洋流（潮流）与风浪和涌浪相互作用，导致浪高大幅增加。海面的微观结构由表面张力波组成，通常由水面附近的一阵狂风造成。

波的特征主要通过长度、高度和周期描述。相速度是波长与波周期的比值。波的长度和周期（由此得到相速度）可从色散关系中得到[36]。波高起伏相当大，一般测量的是有效波高，定义为三分之一最高波的平均峰谷高度，有效波高代表主要的波高。

参考文献［36］中引入"海况"概念作为简单的度量，以定性说明当前海洋条件。参考文献［35］中的表 2-1 把预计的波参数（如高度、周期等）与环境因素（如风速、持续时间、浪区等）联系起来。常用的简易表格只给出海况对应的数字，如海况 4、5、6 等，这些数字的大小取决于海面的粗糙度。

雷达波束照射水面的角度称为掠射角 φ，基于当地水平面测量。单个目标所在的不能再进一步独立分辨的海面最小区域 A_r，称为分辨单元，其面积为

$$A_r = R\theta_b \left(\frac{c\tau}{2}\right) \sec\varphi \qquad (4-3)$$

式中，R 为距离；θ_b 为天线方位角波束宽度；c 为光速；τ 为雷达脉冲长度；φ 为掠射角。

后向散射波的功率（振幅的平方）在两种时间尺度上进行研究。参考文献［37］研究得到的经验模型与长期（几分钟以上）平均值有关，基于不同参数（如掠射角、雷达频率和极化、风浪条件等），给出了归一化雷达散射截面面积。

在微波频率和中低仰角情况下，布拉格（Brugg）散射是主要的散射机理之一。其原理是：从间距为雷达半波长（沿视线方向从雷达开始测量）的散射体返回的信号，因同相而相互增强。在微波频率，布拉格散射来自表面张力波。长期研究发现，海浪后向散射波

的行为差异取决于发射极化[①]。根据复合表面理论和布拉格散射，相比垂直极化（VV）后向散射，水平极化（HH）后向散射的平均功率较小。因此，大多数的海用雷达都采用HH 极化工作方式。但是，HH 极化信号的振幅通常会出现较大的类似目标的尖峰信号，而这些尖峰信号的去相关时间大约为 1 s 以上。

　　图 4-2 为用于生成图 4-1 振幅曲线的相干数据的多普勒速度-时间曲线图。对于入射波，HH 频谱的频率普遍进一步偏离频率起点（即平均多普勒频率更高），而且，在出现强信号内容的时间点上，HH 频谱的频率比 VV 频谱高。

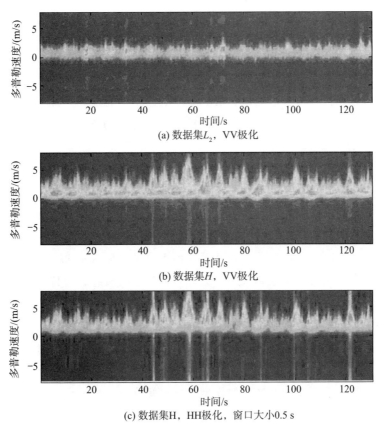

图 4-2　多普勒速度-时间曲线图

　　频谱的差异表明，产生 HH 和 VV 回波的散射不同。这在某种程度上可以用与破碎波相关的条件解释。破碎波能够促成散射聚束，这与关于复合 K 分布的适用性争论一致[39]。当散射聚束在破碎波顶点上或附近时，波浪前有可能存在海面多路径反射。直射和表面反射路径的相对相位决定极化关系。对于 VV 极化，布鲁斯特（Brewster）效应可能造成强烈的回波抵消，相反 HH 极化将产生强（可能为峰值）回波[39]。布鲁斯特角是一种特殊的入射角，当入射角为布鲁斯特角且入射波垂直极化时，没有反射波。

---

　　① 信号极化由双字母组合 TR 确定，其中 T 表示发射极化（H 或 V），R 表示接收极化（H 或 V），因此，有 4 种极化：HH、HV、VH、VV。

根据 X 波段散射仪得到的前进波数据，Lee 等人[40]认为，呈 VV 显性的是相对短时"慢（速）散射"，呈 HH 显性的是长时"快（速）散射"。因为破碎波顶点水粒子的轨道加速度必然超过线性波群，从而引发波结构的非线性变化，所以观测到快速散射也不稀奇。前进波的海尖峰与最快散射组合，被称为波峰。基于前进波的试验数据，Rino 和 Ngo[39]提出，VV 后向散射是处于波背部的慢散射的响应，而 HH 后向散射是波峰附近快散射的响应。由于布拉格散射的角度关系，背部散射（假设为布拉格类结构）的 HH 响应可能会被抑制。

4.2.2 当前模型

杂波建模有两个目标：第一个目标是对所观测到的海杂波行为进行解释，并了解形成杂波信号的物理和电磁因素；达成第一个目标后，第二个目标是建立可生成典型杂波信号的理想物理模型，将接收机算法测试扩展到真实数据不足的杂波条件中。当前有两种旨在达成第二个目标（至少在一个信号域内）的模型，复合 K 分布和多普勒频谱模型。

（1）复合 K 分布

海浪后向散射体信号振幅波动的表征一直是研究的热点。早期多数的研究集中于基于高斯模型的拟合振幅分布，包括瑞利分布振幅。但是，人们很快发现，在较高雷达分辨率和低仰角条件下，高斯模型无法预测观察到的较大振幅事件增加的情况。从那以后，研究人员开始运用双参数分布，以经验为根据拟合此类长尾现象。这些双参数分布包括威布尔（Weibull）[25]、对数正态[41]和 K[29,30]，从后者衍生出了复合 K 分布。

根据海面由短时张力与风浪和长时重力波两种基本波浪组成的特点，采用含两个（或两个以上）分量的模型。关于这一方法，多位学者提出了多种形式（如参考文献［28］和［42］）。其中一种形式是复合 K 分布[28,29]。通过试验研究，发现在几百毫秒量级的短时间内，瑞利分布与海杂波振幅吻合得相当好。于是，在 30 ms 量级的时间内平均数据，可以消除快速波动，从而得到与卡方（或伽马方根）分布一致的长时变化。利用瑞利分布项和卡方分布项的积，建立总的杂波振幅模型。总振幅分布 $p(x)$ 为

$$p(x) = \int_0^\infty p(x \mid y) p(y) \mathrm{d}y \qquad (4-4)$$

式中，$p(x \mid y)$ 为 y 给定时 x 的条件概率密度函数（这里 x 和 y 都假设为标量）；$p(y)$ 为 y 的边缘概率密度函数。这两个概率密度函数分别定义为

$$p(x \mid y) = \frac{\pi x}{2y^2} \exp\left(-\frac{\pi x^2}{4y^2}\right), \quad 0 \leqslant x \leqslant \infty \qquad (4-5)$$

和

$$p(y) = \frac{2b^{2v}}{\Gamma(v)} y^{2v-1} \exp(-b^2 y^2), \quad 0 \leqslant y \leqslant \infty \qquad (4-6)$$

式中，$\Gamma(0)$ 为伽马函数。方程式（4-5）表明 $p(x \mid y)$ 为瑞利分布，其平均等级由 y 值确定。式（4-6）表明 y 的分布为卡方分布或伽马方根分布。把式（4-5）和式（4-6）代入式（4-4），得

$$p(x) = \frac{4c}{\Gamma(v)}(cx)^v K_{v-1}(2cx), \quad 0 \leqslant x \leqslant \infty \tag{4-7}$$

其中 $c = b\sqrt{\pi/4}$，$K_{v-1}(0)$ 为第三类 $v-1$ 阶修正贝塞尔函数，v 为形状参数。最后由式（4-7）得到的总分布为 K 分布，因此，该模型称为复合 K 分布模型。瑞利分布分量可认为是短时散射波动模型，而卡方分布分量表示响应重力波的散射强度调制。由于海杂波为局部瑞利分布（根据块内中心极限定理），造成总杂波振幅分布不为瑞利分布特性的原因是海浪结构附近的散射聚束，而不是少数的有效散射[29]。

　　为了详细描述海杂波的统计特征，还需要考虑杂波振幅的相关性。图 4-3 为 VV 信号在两种时间比例下的自相关典型曲线。左图的采样周期为 1 ms，显示由 10 ms 内快速波动分量产生的相关。右图为 1 s 量级的长时相关。然而，注意长时自相关的表观周期大约为 6.5 s。此类振荡反映出涌浪的周期性特点。

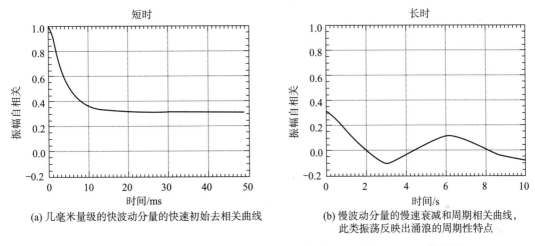

短时　　　　　　　　　　　　　　　　长时

(a) 几毫米量级的快波动分量的快速初始去相关曲线　　(b) 慢波动分量的慢速衰减和周期相关曲线，
　　　　　　　　　　　　　　　　　　　　　　　　　此类振荡反映出涌浪的周期性特点

图 4-3　两种时间比例下的杂波振幅自相关曲线，基于图 4-1（b）的数据

　　为生成 K 分布杂波，Ward[29] 和 Conte[43] 等人都建议采用如图 4-4 所示的基础结构。复高斯白噪声 $w(t)$ 通过一个线性滤波器，选择滤波器系数引入想要的短时相关。滤波器输出仍为高斯分布，从而得到瑞利分布振幅 $y(t)$。调制项 $s(t)$ 是去相关时间比 $y(t)$ 长许多的实数非负信号。为生成 K 分布振幅，$s(t)$ 必须从卡方分布中得到。这是因为，处理杂波的长时相关性需要生成相关的卡方分布变量 $s(t)$。虽然不可能产生随机相关性，但是记录了一些有用的结果。高斯变量通过简单一阶自回归滤波器后，被无记忆非线性地转换为指数衰减自相关卡方变量。Watts[44] 根据杂波去相关时间和 K 分布形状参数，对这一

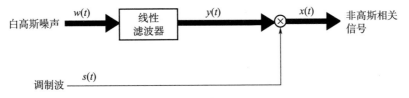

图 4-4　生成复非高斯相关数据的一般模型。粗线表示复量流（在参考文献［43］后面）

自相关的形式进行参数化描述。详见参考文献 [43 - 45]。

（2）多普勒频谱

相干雷达可以用于测量接收信号的振幅和相位。接收基带信号为复电压，用同相（I）和正交（Q）分量或者幅度（振幅）和相位表示。散射体相对雷达的移动造成雷达回波脉冲之间的相位变化。该相位变化等效于多普勒频移，即

$$f = \frac{2v}{\lambda} \tag{4-8}$$

式中，λ 为雷达波长；f 为沿雷达和散射体径向以速度 v 移动产生的多普勒频移。海杂波的多普勒频谱主要是两个过程的结果：平均多普勒频率分散表示未分辨散射体的随机移动，而平均多普勒频率位移映射了已分辨波的变化。跟踪多普勒频谱随时间的变化，可以了解散射机理和识别海杂波模型应具备的特性。

注意，在真实的海面场景中，存在波浪高度、长度、方向各不相同的连续波区。此类连续波区一般可以采用波频谱（或波高谱）特征化，描述波高-波频分布。连续波区频谱与诸如风速等环境参数的关系可以利用多种模型建立[46]。引入方向分布后，频谱还可以扩展为方向频谱[47]。根据线性假设，所有波叠加的复合结果可以通过在适当的定向波数范围内积分得到。实际上，最终表面为连续波区的非线性组合。

Walker 在参考文献 [48] 中对破碎波通过雷达采样区域时的 HH 和 VV 极化多普勒频谱变化进行了研究，并且拍摄到了与分析一致的视频图像，发现了三种重要的散射方式：布拉格散射、白浪散射和尖峰。然后，在参考文献 [49] 中提出了基于这些散射方式的三分量多普勒频谱模型：

1）布拉格散射　VV 振幅大于 HH 振幅。两种极化的峰值都出现在对应速度 $v = v_B + v_D$ 的频率处，其中 v_B 为归因于布拉格散射的项，v_D 为包含基本重力波漂移和轨道速度的项。两种极化的去相关时间都很短（数十微秒）。

2）白浪散射　两种极化的后向散射波振幅差不多相等，都明显比背景布拉格散射强，特别是在布拉格散射较弱的 HH 极化上。在时间图中，散射持续时间为数秒，但是结构上存在噪声，并且去相关迅速（数毫秒）。多普勒频谱较宽，中心速度明显大于布拉格速度，等于或约等于较大重力波的相位速度。

3）尖峰　在 HH 极化上强烈，但在 VV 极化上几乎不存在，多普勒频移大于布拉格频移。持续时间比白浪回波短（0.1 s 量级），但全程保持相干。

设定每种散射方式为高斯线形，参数有 3 个：功率（雷达截面）、中心频率、频宽。假设总频谱为其分量的线性组合，那么 VV 频谱为布拉格和白浪线形之和，而 HH 频谱为布拉格、白浪、尖峰线形之和。

该模型采用崖顶试验雷达数据进行验证。高斯线形的宽度和相对振幅采用最小化算法确定。

类似地，其他研究者也发现了布拉格分量和比布拉格快的分量，并采用高斯线形表示前者，采用洛伦兹（Lorentzian）和/或佛克脱（Voigtian）线形表示后者[40]，结果是在无风和破碎波条件下获得的。

总结本节介绍的材料，主要关注表征海杂波的经典统计方法。在下一节中，将确定性混沌看作海杂波非线性动力学的一种可能机制。

4.3　雷达杂波吸引子是否存在?

纳维-斯托克斯（Navier - Stokes）动力学方程是理解流体力学机理的基础，包括海洋物理学[50]。根据这些方程，洛伦兹（Lorenz）[51]推导出了一个关于大气湍流的非现实简单模型，由三个耦合的非线性微分方程描述。以他的名字命名的这个模型删除了纳维-斯托克斯动力学方程中所有看起来与模型最简数学描述无关的项。主导洛伦兹模型变化的三个方程看似简单，但是其中的某些非线性项赋予了它两个特点：

1）小数维数①等于 2.01。

2）初始条件敏感性，即模型初始化中出现非常小的扰动将导致模型轨迹在较短的时间段内发生相当大的偏差。

这两个特点正是过去几十年里引起许多应用数学家、物理学家和信号处理研究者关注的混沌学的标志[52]。

4.3.1　非线性动力学

首先，一个合格的混沌过程，其基本动力学特性应是非线性的。对于试验时间序列，可以采用替代数据分析法检验它的非线性[53]。替代数据可采用自相关函数或等效功率谱与已知时间序列相同的随机线性模型生成。然后，把两个模型点间间距的指数增长性用于检验试验时间序列可以用线性相关噪声描述的零假设。为此，计算符号为 Z 的曼恩-惠特尼（Mann - Whitney）秩和统计量。在关于试验时间序列计算点间间距的两个观测样本与替代时间序列来自同一个母体的零假设下，统计量 Z 服从均值为 0 和方差为 1 的高斯分布。如果 Z 值小于 -3.0，那么就可以判定零假设是错误的，即试验时间序列为非线性的[54]。

附录 A 汇总了 3 个真实海杂波数据集。这些数据集是利用加拿大东海岸的 IPIX 雷达收集而得的。专门用于实例研究的数据集如下：

1）数据集 L_1，对应较低海况下海浪离开雷达的情形，采样频率是其他两个数据集 H 和 L_2 的两倍。

2）数据集 H，对应较高海况下海浪向雷达涌来的情形。

3）数据集 L_2，对应较低海况，与数据集 H 同天收集，但较早；雷达探测距离为 4 km，大于数据集 H 的 1.2 km；这一探测距离的不同使数据集 H 的信噪比比 L_2 的大得多。

生成两个不同类型的替代数据：

_____

① 模型的维数一般为某个正整数。与此相反，小数维数为非整数。

1）数据集 $L_{1\,\text{surr1}}$、$L_{2\,\text{surr1}}$ 和 H_{surr1}，利用参考文献 [55] 描述的 Tisean 程序包分别从海杂波数据集 L_1、L_2 和 H 中得到。该方法保持了傅里叶变换的振幅平方确定的数据的线性特征，却把相位完全打乱，导致数据呈现高阶随机特性。

2）数据集 $L_{1\,\text{surr2}}$ 和 H_{surr2}，利用基于复合 K 分布的程序（见参考文献 [43]）分别从海杂波数据集 L_1 和 H 中得到。

表 4-1 为真实和替代数据应用 Z 检验得到的结果。基于不同的随机初始条件，重复关于替代数据集 $L_{1\,\text{surr1}}$、$L_{2\,\text{surr1}}$ 和 H_{surr1} 的计算 4 次，以获得对 Z 统计量可变性（和待论述的混沌不变量）的感性认识。根据表 4-1 的结果，得到以下结论：

1）在高海况条件下，海杂波呈非线性（即 Z 小于 -3）。

2）在低海况和海浪离开雷达的情况下，未发现非线性证据（即 Z 大于 -3）。但是，当海浪朝雷达涌来时，即使是低海况，海杂波也呈非线性（即 Z 小于 -3）。

3）相比原始数据，替代数据集的 Z 值较大（即非线性证据较少）。（替代数据集 $L_{1\,\text{surr1}}$、$L_{2\,\text{surr1}}$ 和 H_{surr1} 结构上为线性。）

表 4-1　Z 检验和关联维数汇总表

数据集	Z 统计量	关联维数最大似然估计
L_1	0.1	5.1
$L_{1\,\text{surr1a}}$	-0.2	5.8
$L_{1\,\text{surr1b}}$	0.0	5.8
$L_{1\,\text{surr1c}}$	-0.4	5.7
$L_{1\,\text{surr1d}}$	-0.4	5.6
$L_{1\,\text{surr2a}}$	-0.7	5.8
L_2	-5.4	5.9
$L_{2\,\text{surr1a}}$	-2.8	5.2
$L_{2\,\text{surr1b}}$	-3.7	5.2
$L_{2\,\text{surr1c}}$	-3.4	5.5
$L_{2\,\text{surr1d}}$	-2.9	5.4
H	-3.5	4.4
H_{surr1a}	-0.5	5.4
H_{surr1b}	0.3	5.3
H_{surr1c}	-1.1	5.3
H_{surr1d}	-0.1	5.3
H_{surr2}	-2.9	4.8

这些结果表明，海杂波为非线性动态过程，其非线性取决于海况的高低和海浪相对雷达靠近还是离开。

接下来要讨论的问题是，海杂波是否近似为确定性混沌过程？如果是，就可以应用强大的混沌理论。

4.3.2　混沌不变量

混沌过程的两个主要特点为关联维数和李雅普诺夫（Lyapunov）指数，都表现为不变量形式。

需要外部能源的物理过程为耗散过程。对于海杂波，风和温差（由太阳辐射造成）都是外部能源。耗散混沌系统可用其自身的吸引子进行特征描述。于是，考虑系统多维状态空间中满足所有容许初始条件的集合，并称其为初始量。吸引子的存在暗示初始量最终必然衰减为维数小于原始状态空间的集合。由于稳定力和干扰力的相互作用，吸引子一般具有多层结构。关联维数最初由 Grassberger 和 Procaccia[12] 提出，可作为吸引子几何的不变量量度。对于混沌过程，其关联维数总是分形维数（即非整数）。

关联维数描述吸引子状态空间内的点分布特征，而李雅普诺夫指数描述吸引子轨迹变化的动力学特征。假设在吸引子状态空间中围绕某个点画了一个小的初始条件球，并且允许各初始条件可以按照吸引子的非线性动力学变化，那么，过了一段时间，可以发现该有限区域由球演变成了椭球。李雅普诺夫指数用于度量变化椭球主轴按指数规律收敛或发散的程度。对于混沌过程，至少有一个李雅普诺夫指数应为正的，以满足初始条件敏感性要求。此外，所有李雅普诺夫指数的和应为负的，以满足耗散系统要求。

简要概述混沌动力学之后，把注意力转回海杂波非线性动力学这一主题上。在 1990 年发表的文章中，Leung 和 Haykin[19] 提出了一个问题："是否存在雷达杂波吸引子?"通过应用 Grassberger - Procaccia 算法于海杂波，他们得到了值在 6～9 之间的分形维数。另外，Palmer 等人[20] 得到了值在 5～8 之间的关联维数。

在这些最初获得的研究成果的鼓舞之下，Haykin 及其研究伙伴利用第二不变量——李雅普诺夫指数，继续深入研究海杂波作为混沌过程所可能具备的特点。Haykin 和 Li[22] 得到了一个正李雅普诺夫指数，一个非常接近零的指数，以及几个负指数。之后，Haykin 和 Puthusserypady[23] 运用下列先进算法进行了更细致的研究：

1）最大似然算法，用于估计关联维数[56]。

2）基于香农（Shannon）互信息的算法，用于测量嵌入延迟[57,58]。

3）全局嵌入维数，采用虚假邻域法[59]；嵌入维数的定义是展开吸引子的最小整数维数。

4）局部嵌入维数，采用局部虚假邻域法[60]；局部嵌入维数表示李雅普诺夫指数谱的大小。

5）李雅普诺夫指数估计算法，涉及应用于雅可比行列式的递归 QR 分解。该行列式在经过指定大小的时间步长后能将吸引子轨迹上的点映射到对应点[61,62]。

Haykin 和 Puthusserypady[23] 研究得到的海杂波相关结果如下：

1）关联维数在 4～5 之间。

2）李雅普诺夫指数谱基本由 5 个指数组成，两个正的，一个接近零，剩下两个负的，所有指数的和为负。

3）卡普兰-约克（Kaplan－Yorke）维数，得自李雅普诺夫指数谱，非常接近关联维数。

根据混沌理论，这些结果能够有力证明，海杂波的生成归因于混沌机理的作用，详见4.3.5节所述。

4.3.3　关于海杂波混沌不变量的非决定性试验结果

对于通过数学推导混沌模型（例如洛伦兹吸引子）生成的数据，只要信噪比大小合适，甚至在白噪声存在的情况下，当前可用于估计试验时间序列混沌不变量的算法都表现非常好。但是，它们都不能辨别确定性混沌过程和随机过程之间的差异。不仅如此，所有混沌分析算法都存在这一严重的缺陷。关联维数和李雅普诺夫指数谱的估计见表4-1和表4-2。基于这些结果，得到以下结论：

1）观察表4-1最后一列中的关联维数最大似然估计，可以发现，从实用角度看，海杂波关联维数与随机性替代数据之间的差异很小。

2）观察表4-2中的李雅普诺夫指数谱和导出的卡普兰-约克维数估计，再次发现，基于李雅普诺夫指数的检验不能辨别海杂波数据与其随机替代数据动力学之间的差异。

表 4-2　李雅普诺夫指数汇总表

数据集	指数 1	指数 2	指数 3	指数 4	指数 5	指数和	维数	时界
L_1	0.104 6	0.041 1	− 0.015 4	− 0.086 4	− 0.267 0	− 0.223 1	4.16	37.41
$L_{1\,surr1a}$	0.118 4	0.041 9	− 0.019 6	− 0.102 8	− 0.300 3	− 0.262 5	4.13	33.03
$L_{1\,surr1b}$	0.117 6	0.044 3	− 0.012 9	− 0.100 3	− 0.313 0	− 0.264 3	4.16	33.26
$L_{1\,surr1c}$	0.115 2	0.045 7	− 0.019 8	− 0.104 5	− 0.287 6	− 0.250 9	4.13	33.95
$L_{1\,surr1d}$	0.122 2	0.047 3	− 0.014 5	− 0.094 7	− 0.286 7	− 0.226 9	4.21	32.02
$L_{1\,surr2}$	0.121 1	0.044 5	− 0.023 5	− 0.116 3	− 0.341 8	− 0.315 9	4.08	32.30
L_2	0.447 2	0.267 5	0.060 6	− 0.244 8	− 0.873 5	0.342 9	4.61	8.75
$L_{2\,surr1a}$	0.230 4	0.103 2	0.031 5	0.218 5	− 0.644 7	0.561 1	4.13	16.98
$L_{2\,surr1b}$	0.239 5	0.114 3	0.023 5	0.202 0	− 0.676 2	0.547 9	4.19	16.34
$L_{2\,surr1c}$	0.235 2	0.108 8	− 0.026 7	− 0.197 0	0.684 7	0.564 5	4.18	16.63
$L_{2\,surr1d}$	0.243 4	0.117 6	− 0.024 5	0.187 6	0.670 8	0.521 8	4.22	16.07
H	0.405 8	0.240 5	0.064 4	0.199 8	0.767 4	0.256 5	4.67	9.64
H_{surr1a}	0.352 1	0.187 1	0.019 3	0.210 7	0.839 9	0.492 1	4.41	11.11
H_{surr1b}	0.383 6	0.206 6	0.022 1	0.209 2	0.788 5	0.385 3	4.51	10.20
H_{surr1c}	0.387 7	0.203 8	0.016 0	0.211 1	0.799 4	0.402 8	4.50	10.09
H_{surr1d}	0.367 0	0.194 1	0.008 5	0.200 8	0.802 7	0.433 9	4.46	10.66
H_{surr2}	0.355 6	0.200 7	0.024 0	0.224 8	0.791 7	0.436 1	4.45	11.00

注：指数1～5表示李雅普诺夫指数估计值，单位为奈特每样本。指数和表示李雅普诺夫指数和。维数表示卡普兰－约克维数，由下式定义

$$D_{KY} = k + \frac{\lambda_1 + \cdots + \lambda_k}{|\lambda_{k+1}|}, \quad \lambda_1 > \lambda_2 > \cdots > \lambda_k > \cdots, k = \max\{i, \lambda_1 + \cdots + \lambda_i > 0\}$$

时界表示可预测时界，基于李雅普诺夫指数计算，单位为样本周期，可以通过除以采样率转换为时间单位秒。

在参考文献［63］中，一些不具备辨别能力的算法也得到了类似的结果。

因此，可以得出结论：虽然海杂波是非线性的，但是它的混沌不变量本质上与随机性替代数据的一样。非线性只不过是排除了海杂波由线性机理产生的可能性，不能充分证明海杂波是确定性混沌过程。

注意，数据集 L_1 的采样率为 2 kHz，L_2 和 H 为 1 kHz。因此，表 4 - 2 中 L_1 的时界值是 L_2 的两倍。

4.3.4　动态重建

从一开始，Haykin 及其研究伙伴就运用鲁棒动态重建算法公式研究海杂波的基本动力学，以从物理上认识海杂波。对于海杂波建模和海杂波目标探测能力提升，此类算法必不可少。另外，如果能够成功开发出这样一种动态重建算法，就可以进一步证明确定性混沌是海杂波的动力学机理。

为方便描述动态重建问题，基于混沌理论，假设有一个吸引子，它的过程方程不含噪声，测量噪声为附加项，那么可得下面的方程组

$$\boldsymbol{x}_{t+1} = \boldsymbol{f}(\boldsymbol{x}_t) \tag{4-9}$$

$$y_t = h(\boldsymbol{x}_t) + w_t \tag{4-10}$$

假设用一组噪声观测值集合 $\{y_t\}_{t=1}^N$ 构建向量

$$\boldsymbol{r}_t = [y_t, y_{t-\tau}, \cdots, y_{t-(D-1)\tau}]^{\mathrm{T}} \tag{4-11}$$

式中，τ 为嵌入延迟时间，其数值是单位时间的整数倍；D 为嵌入维数；上标 T 表示矩阵转置。由于观测值随时间变化，可用向量 $\boldsymbol{r}_t$ 定义基本吸引子，从而确定基准轨迹。下面对延迟嵌入定理进行说明，该定理得自 Takens[10]、Mañé[11] 和 Sauer 等人[16]：

已知非线性有限维动态系统单个标量分量的试验时间序列 $\{y_t\}$，该隐动态系统的几何结构可以展开为拓扑等价形式；如果 D 等于或大于 $2D_0 + 1$，其中 D_0 为系统分形维数，并且向量 $\boldsymbol{r}_t$ 与式（4 - 11）的已知时间序列 $\{y_t\}$ 相关，那么重建状态空间点 $\boldsymbol{r}_t \rightarrow \boldsymbol{r}_{t+1}$ 的变化与原始状态空间点 $\boldsymbol{x}_t \rightarrow \boldsymbol{x}_{t+1}$ 的变化一致。

延迟嵌入定理公式化概念见 Packard 等人的早期论文[9]。

这里需要注意的重点是，如式（4 - 9）和式（4 - 10）所示，由于所有变量都以非线性方式相互几何相关，该非线性动态系统单个分量的测量值包含足够的多维状态 $\boldsymbol{x}_t$ 重建信息。

延迟嵌入定理在下面两个关键假设的基础上进行推导：

1) 模型无噪声，也就是说，不仅状态方程式（4 - 9）无噪声，而且测量方程式（4 - 10）也无噪声（即 $w_t = 0$）。

2) 观测数据集 $\{y_t\}$ 无限长。

在这两个条件下，只要嵌入维数 D 的大小足以展开所关心过程的基本动力学，该定理就能适应任一延迟 τ。

然而，事实上，式（4 - 9）和式（4 - 10）描述的是有噪声模型，观测值 $\{y_t\}_{t=1}^N$ 长度

有限，只有在运用"可靠"方法估计嵌入延迟 τ 时，才能应用延迟嵌入定理。Abarbanel[64]建议的方法是，利用 $\{y_t\}$ 与延迟序列 $\{y_{t-\tau}\}$ 之间的互信息得到其最小值，计算特定延迟 τ；采用虚假邻域法估计嵌入维数 D。

对于动态重建和预测建模必须加以区别。预测建模采用开环运算模式，几乎不需要通过最小均方差预测误差（即时间序列当前值与基于过去值得到的非线性预测值之间的差）。动态重建的要求更高，需要建立闭环运算预测模型。特别是，该预测模型采用从所研究相同过程中得到的新数据进行初始化，之后延迟一个时间单位产生输出并反馈到输入层，移除初始化数据集中最早的样本，为新的输入样本腾出位置。这一流程继续运行到全部初始化数据集处理完毕后为止。此后，模型以自主方式运行，根据训练（即开环预测）时获得的数据产生输出时间序列。

令人惊奇的是，对于得自确定性混沌数学模型的时间序列，甚至是在有意掺杂平均功率相对适中的白噪声（例如参考文献 65）情况下，这里描述的动态重建方法也表现非常好。

但是，可惜的是，尽管不断地运用了各种重建程序，包括采用反向传播算法[22]训练的多层感知器，正则化径向基函数（RBF）网络[66]，以及采用扩展卡尔曼滤波器[65]训练的递归多层感知器，还是不能找到可靠的基于延迟嵌入定理的海杂波动态重建程序公式。为什么会这样？答案见 4.3.5 节。

在研究海杂波动态重建时遇到的巨大困难，促使本章作者于 2000 年 9 月开始怀疑混沌模型用于描述海杂波非线性动力学的正确性，尽管 4.3 节中列出的结果高度振奋人心。确实，正是因为这些疑虑，才彻底地对海杂波非线性动力学模型进行了重新检验，详见 4.4 节。但是，在进入 4.4 节之前，先重点说明从确定性混沌的海杂波应用研究中获得的一些重要经验，并以此总结对混沌的论述。

4.3.5　混沌，自我实现的预言？

混沌理论是一种非常精妙的理论，为运用相对简单的非线性动力学模型解释复杂的物理现象提供了数学基础。如同所有学科都需要真实试验数据一样，它也需要在试验时间序列的基础上，运用可靠的算法估计所关心物理现象的特征化基本参数。如前所述，有两个用于描述混沌理论特征的基本不变量：关联维数；李雅普诺夫指数。

可惜的是，当前用于估计这两个不变量的算法都不具备必要的辨识能力，以区分确定性混沌过程与随机过程之间的差异。对于期望获得合格确定性混沌数据的试验者来说，混沌不变量分析的结果可能以"自我实现的预言"结束。这表明确定性混沌的存在与数据是否真的为混沌无关。随机过程可以是有色噪声，或者是状态空间模型在过程方程中包含动态噪声的非线性动态过程。如同 Sugihara[67]所指出的那样，如果非线性动态模型的过程和测量方程中都含有噪声，在从测量噪声中分离出动态（过程）噪声以重建不变量度量时，就会不可避免地遇到实际困难。特别是在估计李雅普诺夫指数时，因为不变量测量值被白噪声所污染，所以不再可能从试验时间序列中计算出有意义的雅可比行列式。

回到前面的问题：如何解释海杂波状态空间模型中为何可能存在动态噪声？为回答这个问题，首先需要知道海洋动力学受到各种力的影响，具体如下：

1）重力和旋转力，遍布整个流体，所占比例远大于其他力。

2）热动力，比如辐射传热、加热、冷却、沉淀和蒸发。

3）机械力，比如表面风应力、大气压脉动和其他机械微扰。

4）内力，比如压力和黏度，流体各部分的相互作用。

海洋动力学在上面所有力的作用下，直接或间接对海面的雷达反向散射造成了以下三方面的影响：

1）由海面定常态流动引起的海杂波基本动力学隐态特征变化。

2）作用于海面的力自然变化，产生某种形式的动态噪声，对状态时间变化造成污染。

3）把非稳定时空结构强加于雷达可观测量。

因此，在现实中，物理方面需要处理的除了测量噪声外，还有动态噪声。此外，一般由于缺乏测量噪声或动态噪声的先验知识，运用试验时间序列进行海杂波动态重建必然会遇到巨大的困难。

4.4　复合 AM/FM 海杂波模型

在 4.3 节中，对确定性混沌方法能否正确描述海杂波提出过怀疑。在本节中，仔细分析几种试验数据集，以探索新的海杂波建模方法。除了 4.2 节描述的经典方法之外，还可以从 Gini 和 Greco[68] 最近的研究中寻找灵感。他们把海杂波视为快速"斑点"，乘以表示数据平均功率水平缓慢变化的"纹理"分量——这是由通过所观测海区的大浪所造成的。他们把"散斑"建立为稳定复高斯过程模型，把"纹理"建立为谐波过程模型。可以发现，这两个快慢变化过程之间的关系比以往文献中假设的关系更为复杂。特别是，慢变化分量不仅能调制"散斑"振幅，还可以调制其频率和谱宽。

4.4.1　雷达回波图

图 4-5 为从附录 A 的数据集 L_2 和 H 获得的雷达回波图。这些图为雷达回波信号强度（彩色轴）关于时间（x 轴）和距离（y 轴）的函数。黑色表示与波峰有关的强回波。黑色斜条纹表示随时间的增加，波峰距离缩小或朝雷达移动。实际上，从附录 A 可以看出，风向和雷达波束方向差不多是相反的。观察单个距离门（即沿雷达回波图的水平线），就可以发现回波信号的强度大致呈现周期性，周期在 4～8 s 之间，与重力波的周期对应（见 4.2 节）。在图 4-1（a）～（c）中，距离门与时间有关，y 轴为回波强度（接收信号的振幅）。由于瑞利衰落造成信号出现短期无序的起伏，这一周期性行为并不是很明显。

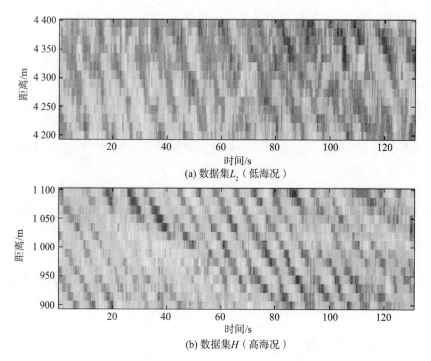

(a) 数据集 L_2（低海况）

(b) 数据集 H（高海况）

图 4-5　雷达回波关于时间和距离的函数图像，VV 极化方式

彩色轴表示 $\log(|\tilde{x}|)$，$\tilde{x}$ 为接收信号的复包络，采用归一化单位；

彩色轴从蓝（低）往绿（高）变化（见彩插）

4.4.2　瑞利衰落

当许多频差微小的复指数叠加时，就形成了瑞利衰落。图 4-6 为 $x = a_1\exp(\mathrm{j}2\pi f_1 t) + a_2\exp(\mathrm{j}2\pi f_2 t)$ 的量值和瞬时频率，其中 $f_1 = 1$，$f_2 = 1.1$，$a_1 = 1$，a_2 可变，j 表示 -1 的平方根。在图 4-6（a）中，a_2 等于 a_1；在图 4-6（b）中，a_2 比 a_1 大 10%。图中为经典的倒 U 形瑞利衰落过程量值曲线，其周期 T_{Rayleigh} 为

$$T_{\text{Rayleigh}} = 1/|f_1 - f_2| \tag{4-12}$$

虽然据 4.4.3 节所述，大部分出现在偏差为 $\dot{\phi} = \mathrm{d}\phi/\mathrm{d}t$ 的时间序列中的尖峰实际上都是由接收机噪声造成的，但是仔细观察图 4-7 中的数据，可以发现量值和瞬时频率都具备典型的瑞利衰落特点。

为什么会出现瑞利衰落？答案在 Jakeman 和 Pusey[27] 提出的独立散射体模型上；他们首次运用该模型推论使用 K 分布的物理合理性（见 4.2 节）。如果一块海域受到雷达照射一段时间，那么根据该模型，接收信号主要受到少量移动独立散射体的影响；这些散射体的移动速度各不相同。假设至少在一段短的采样时间内，每个散射体相对雷达的速度不变，那么接收信号可以建模为

$$y(t) = \exp(\mathrm{j}\omega_{\text{RF}}t)\sum_{k=1}^{N} a_k\exp(\mathrm{j}\omega_{D,k}(t - t_0) + \phi_{t_0,k}) \tag{4-13}$$

式中，ω_{RF} 为雷达 RF 角频率（对于 IPIX 雷达，等于 2π 乘以 9.39 GHz）；N 为独立散射体个数；a_k 与散射体 k 的有效雷达散射截面成比例，$\omega_{D,k}$ 和 $\phi_{t_0,k}$ 分别为 t_0 时刻散射体 k 的角多普勒频率和相位。通过乘以 $\mathrm{e}^{-\mathrm{j}\omega_{RF}t}$ 移除载波后，可以看到式（4-13）实际上是多个频差微小的复指数的和，从而导致瑞利衰落的出现。通过式（4-8）可以发现，这些频率与散射体物理速度相关。

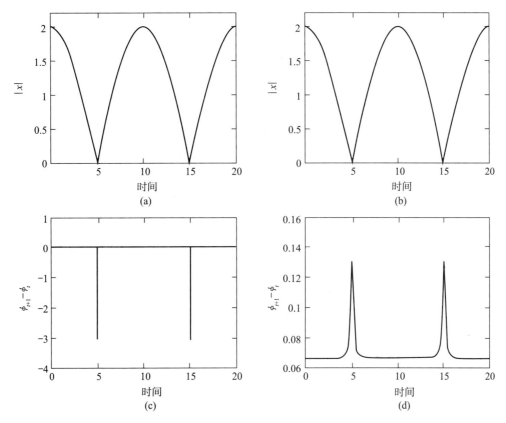

图 4-6　两个复指数和的量值 [（a），（b）] 和瞬时频率 [（c），（d）]：
$\exp(\mathrm{j}2\pi t) + \exp(\mathrm{j}2\pi1.1t)$ [（a），（c）]；$\exp(\mathrm{j}2\pi t) + 1.1\exp(\mathrm{j}2\pi1.1t)$ [（b），（d）]。
展开相位减去 2π 的整数倍后，根据后续样本相位差计算瞬时频率

在找到海杂波振幅数据的瑞利衰落特征后，通过式（4-12）在两个复指数情况下建立振幅信号周期与两个指数频差的关系。海杂波的复指数远远超过两个，而且频率经常变化。但是，作为粗略近似，式（4-12）还是很有用的。利用数据的平均周期（ACT）粗略估计海杂波平均周期 $T_{Rayleigh}$：减去信号的中间值，计算两个向上零交叉之间的平均时间。对于式（4-12）左边的项，需要估计海杂波频差 $|f_1 - f_2|$。估计方法是，根据测量的瞬时频率，计算它的归一化中位数绝对偏差（NMAD）。NMAD 忽略尖峰，是信号标准差的鲁棒估计，按下式计算

$$\mathrm{NMAD}(\dot{\phi}) = 1.48 \times \mathrm{median}(|\dot{\phi} - \mathrm{median}(\dot{\phi})|) \tag{4-14}$$

对于图 4-7 的示例，设 $\mathrm{ACT}(|x|) = 0.01\ \mathrm{s}$，$\mathrm{NMAD}(\dot{\phi}) = 54\ \mathrm{Hz}$。如果取标准差为变量

测量值的两倍，那么，当 $0.01 \approx 1/(2 \times 54)$ 时，结果满足式（4-12）。在图 4-8 中，观察 $2\mathrm{NMAD}(\dot{\phi})$ 和 $1/\mathrm{ACT}(|x|)$ 两个量随时间的变化。选用样本数为 1 000 的滑窗（1 s）。在高海况，两条曲线几乎重叠，与式（4-12）一致。在低海况，两条曲线不重叠，但趋势相同。

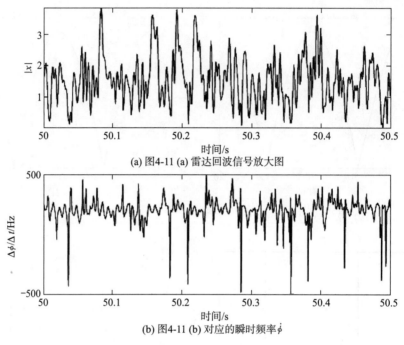

(a) 图4-11 (a) 雷达回波信号放大图

(b) 图4-11 (b) 对应的瞬时频率 $\dot{\phi}$

图 4-7　计算 $(\phi_{t+1} - \phi_t)/(2\pi\Delta t)$ ，其中，首先展开相位 ϕ

以消除大于 π 的跳跃，Δt 为采样时间 1 ms

另外一个有意思的方法是把 $\dot{\phi}$ 的变化与 $\dot{\phi}$ 自身相关联。如果能做到这点，那么，甚至是廉价的非相干雷达，在只采用接收信号包络的情况下，都能产生粗略的观测波速度估计。这不是本章关注的重点，但是，图 4-11（d）表现出的强烈相关性表明该方法的可行性；此类非相干雷达应用值得进一步研究。

4.4.3　时间多普勒频谱

因为根据独立散射体模型，接收信号是多个复指数的和，所以用傅里叶频谱来描述信号是最为合适的方法。但是，当波沿着观测海域移动时，散射体的数量和强度将会发生变化。因此，需要再次运用时长为 512（0.5 s）的滑窗技术来计算时变频谱。通过式（4-8）把频率转换为多普勒速度，得到图 4-2（a）～（c）的时间多普勒谱。从这些图中，可以很明显地发现，对于较高海况下的杂波，多普勒频率波动非常大。另外，注意时间多普勒频谱的谱宽随时间的变化；这一变化的趋势与 4.4.2 节中式（4-14）的 $\mathrm{NMAD}(\dot{\phi})$ 信号一样。

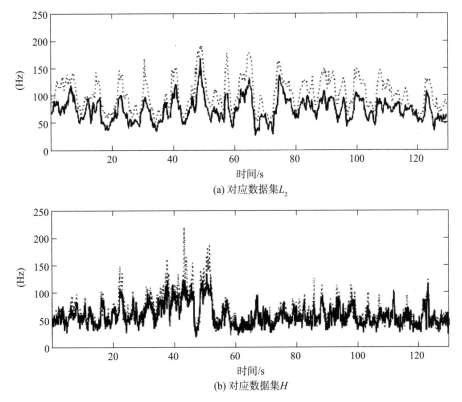

(a) 对应数据集 L_2

(b) 对应数据集 H

图 4 - 8　基于 1000 样本滑窗计算得到的 $1/\text{ACT}(|x|)$（实线）和

$2\text{NMAD}(\dot\phi)$（虚线）与时间的关系曲线

　　该频谱图包含多个只能由数据中接收机（即测量）噪声部分产生的频率。通过比较信号总功率和多普勒频谱中小于 −4 m/s 部分的功率，可以对接收机噪声电平进行估计。对于数据集 L_2，信噪比为 17 dB；对于数据集 H，信噪比为 31 dB。造成这一差异的原因是距离不同和低海况杂波总功率降低。

　　这些噪声估计在估计得自数据的信号方差时非常有用。例如，当信号降低至噪声门限时，可以立即发现时间序列 $\dot\phi$ 上出现的尖峰最多。那么，$\dot\phi$ 信号的方差是多少？如果信号幅度恰好大于噪声门限，那么标准差 $\sigma_{\phi_{t+1}-\phi_t}$ 可以通过下式估计（见图 4 - 9）

$$\sigma_{\phi_{t+1}-\phi_t} = \sqrt{\frac{1}{|x_{t+1}|^2} + \frac{1}{|x_t|^2}}\,\sigma_\theta \tag{4-15}$$

其中，σ_θ 为接收机噪声的标准差。从这一估计可以发现，在图 4 - 8（a）（数据集 L_2）中，$\text{NMAD}(\dot\phi)$ 信号受接收机噪声支配，而在图 4 - 8（b）（数据集 H）中，它受杂波信号支配。对于数据集 L_2，这意味着可以假设 $\text{NMAD}(\dot\phi)$ 与信号振幅逆相关。当对比图 4 - 11（a）的实线与图 4 - 11（b）的虚线时，就可以明显发现这一关系。

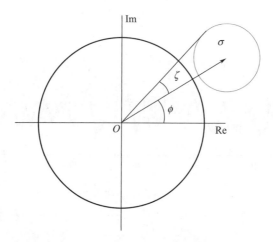

图 4-9　如果信号幅度值大于接收机噪声电平，角 Φ 估计的误差 ζ 可以通过接收机噪声切向分量
除以信号幅度值近似得到。如果接收机噪声不相关，那么 $\phi_{i+1} - \phi_i$ 的方差为 $2\sigma_\phi^2$

4.4.4　关于振幅调制、频率调制等的证据

　　海杂波模型应能区分慢速重力波和快速表面张力波。Conte 等人[43] 提出的一种经典方法，包含通过强度缓慢变化的分量调制振幅的有色噪声过程。图 4-10 为此类数据的时间多普勒频谱（经 Alan Thomson 允许）。前面几节得到的结果表明，与海杂波生成有关的快速和慢速变化过程之间存在非常复杂的关系。

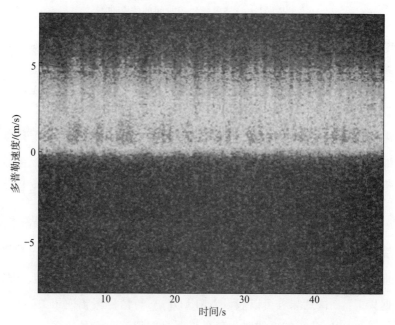

图 4-10　时间多普勒频谱，基于通过 Conte、Longo 和 Lops[43] 提出的
方法综合得到的 50 s 数据（数据由渥太华 DRDC 的 Alan Thomson 提供）（见彩插）

当大的波通过观测海域时，这一区域的海水先加速运动，然后减速运动。由波引起的海面倾斜产生振幅调制。即使大多数散射体后向散射的回波上升到波峰，波也会使它们的速度产生周期变化。虽然这一变化可以很容易识别出来，但是忽略了散斑分量的频率调制。这正是需要深入考虑的部分。

如果在某一瞬间散射体的平均速度较大，那么该平均速度附近的扩散也较大。根据表 4-1 的结果，可以发现海杂波总是保持非线性的原因。已知振幅调制（宽泛来讲）属于线性调制，而频率调制不属于线性调制[69]，可以预料，参数 Z 的值（见 4.3.1 节）将随着频率调制量的增大而减小。该定性关系可以从图 4-11 中的 Z 值与频率调制量关系曲线得到证明。除了数据集 L_1、L_2、H 之外，这里还采用了在更多试验条件下获得的 75 个海杂波数据集。由于随机相移部分抵消了频率调制的效果，表 4-1 中替代数据的非线性程度比原始数据低。如图 4-2 一样，这种在时间多普勒图上出现的典型"呼吸"效应表明，不仅是速度谱的平均值，还有其谱宽都经过调制。此外，在某些情况下，速度谱还出现了双峰式分布 ［图 4-2（b）中时间在 40～50 s 附近］；Walker 近期的研究[48]发现，这很大可能是由破碎波造成的。

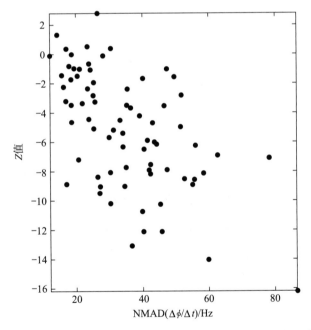

图 4-11　Z 值与 NMAD($\dot{\phi}$)，根据 IPIX 雷达在多种环境条件下测得的 78 个数据集计算得到

到目前为止，已经识别了四种作用于散斑分量动力学的不同过程：振幅调制、频率调制、谱宽调制和破碎波引起的双峰式频率分布。这四种过程都包含慢变重力波，需要进行具体分析说明，以综合处理人工雷达数据。观察图 4-12 中各种调制之间的相互关系。振幅调制和频率调制之间的关系看起来比较弱 ［对比图 4-12（a）和图 4-12（b）的实线，图 4-12（c）和图 4-12（a）的实线］。从图 4-12（d）可以看出，频率调制（按 1 s 平均 $\dot{\phi}$）与基于 NMAD($\dot{\phi}$) 的谱宽调制的关系比较强。虽然这一关系没有在图 4-12（b）

的低海况等价曲线上得到验证，但是，如 4.4.3 节所述，可能是接收机噪声的原因。

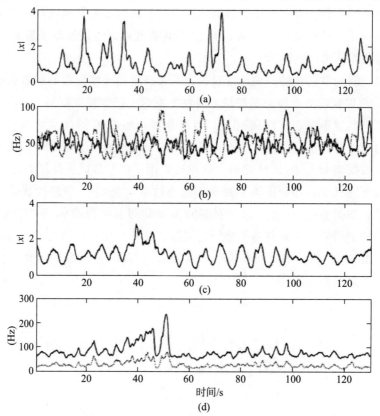

图 4 - 12　　(a)、(c) 低通滤波后振幅（1 s 平均）。(b)、(d) 低通滤波后瞬时频率 $\dot{\phi}$（实线）

和 NMAD($\dot{\phi}$)（虚线）。(a)、(b) 数据集 L_2。(c)、(d) 数据集 H

4.4.5　利用非稳定复数自回归过程进行海杂波建模

到目前为止，海杂波合成仍然比较困难，看起来只好通过完整的时间多普勒频谱获得全部的观测数据特征。在本节中，论述实用算法开发的第一步，把时间多普勒频谱压缩为每时段仅有数个复参数，同时使之适于生成时间序列。根据前面所述的观测结果，给出以下论点：

1）当时间尺度小于数秒时，海杂波可以用复指数和描述。

2）复指数和可以通过傅里叶频谱进行较好的描述。

3）动态系统的傅里叶频谱可以用自回归（AR）过程近似：AR 过程的阶数越高，近似越精确。（在某种意义上，这就是统计学信号处理领域的 Wold 分解定理。）

这就是时变复 AR 过程的概念。选取 1 s 窗口（1 000 个样本），以微小的时间增量，使它滑过数据集 H（高海况条件），并且，每次使一个复 AR 过程与数据匹配，搜寻能够适当近似短时傅里叶变换（时间多普勒频谱上的垂线）的最低阶时变 AR 模型。当阶数从 1 增大到 4 时，按时间平均，残差的标准差逐阶降低：0.23，0.11，0.091，0.086，以信

号标准差为单位。以相同的单位，根据时间多普勒频谱估计的接收机噪声为 0.061。图 4 -
13 分别显示了运用 1、2、3 阶时变 AR 过程 AR（1）、AR（2）、AR（3）得到的合成杂
波时间多普勒频谱。图中，因模型阶数增大而实现的提升非常明显。数据通过下面的差分
方程生成

$$x_{t+1} = a_{1,\langle t \rangle} x_t + a_{2,\langle t \rangle} x_{t-1} + \cdots + a_{K,\langle t \rangle} x_{t-K+1} + e_{t,\langle t \rangle} \tag{4-16}$$

其中，所有变量都为复数，$a_{i,\langle t \rangle}$ 为时间 $\langle t \rangle$ 的 AR 系数，其中 $i = 1, 2, \cdots, K$（尖括号表
示它们仅以慢速变化），K 为模型阶数，$e_{t,\langle t \rangle}$ 为附加噪声分量，其时变方差为 $\sigma^2_{e_{t,\langle t \rangle}}$。

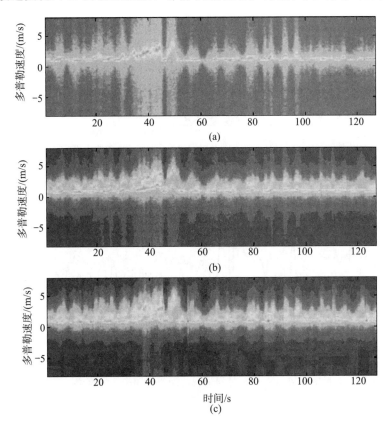

图 4 - 13　（a）、（b）、（c）分别为通过 1 阶、2 阶、3 阶滑动 AR 过程数据合成的时间多普勒频谱。三张
　　图的彩色轴限制一样。造成图（a）中背景颜色较浅的原因是滑动 AR（1）模型的残差较大（见彩插）

　　虽然 1 阶 AR 模型明显不足以详细描述海杂波，但是它是迄今为止最容易从物理方面
分析海杂波的模型。该模型拥有 3 个随时间缓慢变化的独立参数：1）$a_{1,\langle t \rangle}$ 幅度；
2）$a_{1,\langle t \rangle}$ 角度；3）噪声方差 $\sigma^2_{e_{t,\langle t \rangle}}$。图 4 - 14 显示了这 3 个独立参数如何与 4.4.4 节中 3
种主要调制类型相结合。

　　非稳定 AR（1）过程确实能够转换为经过振幅、频率、谱宽调制的等效稳定 AR（1）
过程。但是，滑动 AR（1）过程不足以对数据进行良好描述。

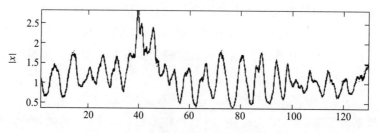

(a) 低通滤波后，数据集 H 和模型 $\sqrt{(\sigma_e^2)/(1-|a_1|^2)(\pi/2)}$ 的幅度与时间的关系曲线
（两条曲线几乎完全重合）

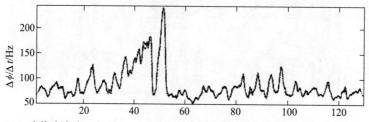

(b) 1 s 中值滤波后，$(\dot{\phi})$ 和 $\angle a_1 f_{RF}/(2\pi)$ 与时间的关系曲线（两条曲线几乎完全重合），
其中 f_{RF} 为 1 000 Hz 的脉冲重复频率

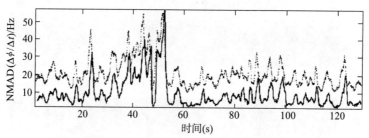

时间(s)

(c) NMAD$(\dot{\phi})$（虚线）和模型谱宽与时间的关系曲线，通过
$\cos^{-1}\left(\dfrac{1-4|a_1|+|a_1|^2}{-2|a_1|}\right)$ 计算得到；见参考文献 [70]

图 4 - 14　非稳定复数 AR（1）过程呈现的振幅、频率、谱宽调制，基于数据集
H 的 1 000 样本滑动窗口进行训练

4.5　小结

　　海杂波指来自海面的雷达反向散射波，为非稳定复数非线性动态过程，结构清晰可辨，包含多种连续波调制过程：振幅调制、频率调制、谱宽调制和由破碎波引起的双峰式分布。这些调制变化缓慢（数秒量级），是关于时间的函数。无论海况是高或低或者海浪离开或涌向雷达，在海杂波波形中，振幅调制都非常清晰可辨。而对于频率调制和谱宽与谱形变化，只有在海况足够高或者海浪涌向雷达，海杂波的非线性特征显著时，才能清晰可辨。

4.5.1　海杂波非线性动力学

在本章中，从两个方面论证海杂波的非线性特征：

1）从试验上对真实雷达数据应用 Z 检验，见表 4-1。

2）从物理上证明海杂波包含频率调制（非线性过程），如 4.4.4 节所述。

图 4-12 以非常明显的方式将海杂波的非线性程度与频率调制的程度联系起来。特别是直观地表示出，海况越高，海杂波的非线性程度越高。

在各类文献中，海杂波的动力学问题都是从纯理论的角度进行处理。其中最为明显的，也许是 Field 和 Tough[71,72] 提出的海杂波动力学理论基础。在参考文献［71］和［72］中，利用从 Ito 微积分基本原理推导得到的随机微分方程，描述散射动力学，证明"基本无噪"的海杂波是非线性确定性混沌过程。本章描述的试验结果表明，非线性程度取决于海况或"形状参数"。相关细节见参考文献［73］。

4.5.2　海杂波自回归模型

当所关注的问题变为设计计算程序以现象学方法研究海杂波基本动力学时，就需要用到时变复数自回归（AR）模型，原因如下：较低阶 AR 模型可以描述海杂波的主要动力学特性，特别是在时间尺度小于数秒时。在第 5 章中，3 阶 AR 模型还可以在复杂度和精度之间适当折衷，以描述海杂波的长期非稳定性。

注意，虽然这里认为，对于全部时间 t，预测模型的参数都是关于时间 t 的函数，但是，实际上，由于违反了叠加原理，它属于非线性模型。

另外，还需要注意的是，从 20 世纪 70 年代中期开始，以及 20 世纪 80 年代一段时期，本章第一作者与其他联合研究者就证明了，较低阶（4 或 5）复数 AR 过程是一种用于空中交通管制环境下各类相干雷达杂波建模的可靠方法；这些杂波包括地面杂波、雨杂波，以及由迁徙鸟群引起的杂波等；详见参考文献［31-34］。因此，这里发现阶数相近的复数 AR 模型也能在合适的时间尺度下建立海杂波模型，多少有些嘲弄的意味。

4.5.3　状态空间理论

在描述海杂波的非稳定、非线性动力学时，自然会选用状态空间模型。更为重要的是，在此类描述中，时间特征非常明显。

基本上，状态空间模型应用于海杂波存在两个方面的问题：

1）最符合海杂波物理实际的过程（状态变化）公式和测量方程（包含各自的动态噪声过程和测量噪声过程）。

2）不仅有效而且最能体现海杂波现象的计算程序的运用。

上述两个问题的重要性不相上下。

4.3 节和 4.4 节与早期参考文献［19-23］的结论相反，海杂波并不是确定性混沌的结果。根据定义，确定性混沌过程的过程方程是无噪的。但是，实际上，海杂波的过程方程包含由各种海面作用力（见 4.3.5 节列出的 4 种内部和外部作用力）快速起伏产生的动态噪声。Heald 和 Stark[74] 指出，没有一个物理系统完全无噪声，而且，没有一个数学模型能够准确表示实际。因此，可以认为，动态噪声是产生基本模型动力学（即状态随时间的变化）误差的原因，测量噪声是导致状态和观测量关系匹配不可避免出现不确定性的原因。

在海杂波状态空间模型中，动态噪声和测量噪声的同时存在产生两个严重的后果：

1）在重建不变量度量[67]，从测量噪声中分离动态噪声时，将不可避免地遇到实际困难。这或许是当前用于估计混沌不变量的算法不能可靠区分海杂波与其随机替代数据的原因。

2）动态重建延迟嵌入定理公式化的前提是，重建对象为确定性过程。虽然，从试验方面，有可能通过选择适当的嵌入延迟和嵌入维数[64]，说明测量噪声的存在，但是，无法避免过程方程中出现动态噪声。这或许是能够可靠解决动态重建问题的海杂波预测模型非常难以建立的原因。

正是这两点原因排除了确定性混沌作为海杂波模型的可能性。

4.5.4　非线性动力学方法对经典统计学方法

如 4.2 节所述，经典方法主要用于建立海杂波的振幅统计学模型（并试图对其进行解释），所关注的是点统计学，而不是时间因次。某些研究工作仅涉及杂波观测数据的经验拟合分布，而其他的研究试图为杂波行为选择提供理论依据，以在数学上较容易处理问题。例如，假设离散独立散射体允许应用随机游动理论求理论解。该方法用于最初的 K 分布研究[27]。然而，模型的适用性和有效性取决于相关假设的合理性。复合 K 分布引起关注的地方在于它可以描述瑞利分布分量和卡方分布分量乘积的整体分布，并且在多种情况下都与两种时间尺度的海杂波数据经验匹配。研究杂波振幅统计模型的主要动机是用它们评估各种目标探测算法的性能。然而，这些算法就其本身而言没有利用杂波的时间特性，而是设法根据杂波信号的点统计学变化来调整判定阈值。

相反，本章提倡的非线性动力学方法明确考虑时间因素，而且，通过运用真实数据在线计算海杂波复 AR 模型或状态空间模型，以避免对统计学模型的明确需求；模型参数的复数性质要归因于相干雷达生成的杂波数据的同相和正交分量。在此方法中，输入数据的信息内容直接转换为随时间变化的模型参数。这样可以认识到海杂波可预测性方面的局限，以及海杂波基本动力学的复杂性。在跟踪和探测海杂波内目标时，这两个方面都有重要的实际意义。

4.5.5　随机混沌

虽然在 4.3 节中对确定性混沌作为海杂波建模数学基础的合理性提出了严重怀疑，但是并没有排除基于海杂波非线性动力学的随机混沌的可能性，这一点非常重要。

根据非线性随机动力学现象，Sugihara[67] 分辨出了 4 种不同的可能过程：寻常随机过

程、随机混沌过程、寻常确定性过程和确定性混沌过程，如图 4 - 15 所示。（该图是
Sugihara 论文中图 2b 的简化图。）根据该图，稳定性和非稳定性是区分随机混沌过程和寻
常随机过程的依据。为了说明这一区别，参考状态空间模型式（4 - 1）和式（4 - 2），得
到下面两式

$$\boldsymbol{x}_t = \boldsymbol{f}(\boldsymbol{x}_{t-1}, \boldsymbol{v}_{t-1}) \tag{4 - 17}$$

$$\boldsymbol{y}_t = \boldsymbol{h}(\boldsymbol{x}_t \, \boldsymbol{w}_t) \tag{4 - 18}$$

其中，为了简化说明起见，忽略函数 $\boldsymbol{f}$ 和 $\boldsymbol{h}$ 对时间 t 的明显相关性。此时，做出以下声明：

　　如果模型存在非线性无噪的物理现象并满足确定性混沌要求，那么它的基本动力学可
用随机混沌描述。

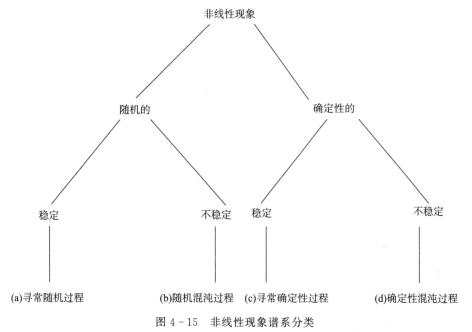

图 4 - 15　非线性现象谱系分类

图中定义了 4 类不同类型的非线性现象：（a）寻常随机过程；（b）随机混沌过程；（c）寻常确定性过程；
（d）确定性混沌过程。是否存在动态噪声是区分随机混沌过程和确定性混沌过程的依据；
（b）存在动态噪声，（d）不存在动态噪声；这两个过程的共同点是不稳定性

　　对于所有时间 t，设动态噪声 $\boldsymbol{v}_{t-1}$ 和测量噪声 $\boldsymbol{w}_t$ 等于零，就可以得到无噪声模型。

　　关键问题是：这一随机混沌定义的实用性如何？通过确保较大的观测信噪比（即测量
噪声较小），可以在无测量噪声情况下达到良好的近似度。但是，令人遗憾的是，动态噪
声无法控制，导致物理现象为无噪的模型建立相当成问题。

　　为了绕开这一难题，可以把无噪声模型看成是"已解释"部分现象。对于"未解释"
部分现象，引入过程噪声说明动态噪声和测量噪声的共同作用效果，以及状态到观测量的
无噪声映射。特别是，联合式（4 - 17）和式（4 - 18）得到下面的观测量表达式

$$\boldsymbol{y}_t = \boldsymbol{g}(\boldsymbol{y}_{t-1}, \boldsymbol{e}_{t-1}) \tag{4 - 19}$$

其中，$\boldsymbol{g}$ 是新的非线性向量函数，噪声 $\boldsymbol{e}_{t-1}$ 是 $t-1$ 时刻作用于系统的驱动力。根据式（4 -

19)，无噪模型现在定义为 $y_t = g(y_{t-1})$ ，其中新的非线性函数 $g = h(f(h^{-1}(\cdot)))$ 。

其他一些关于式（4-19）所描述非线性自回归模型的补充说明也十分值得注意。特别是在参考文献［75］中，Gunturkun 和 Haykin 对未知标量动态系统进行了研究，论证了在已知一组观测量 $\{y_i\}_{i=1}^t$ 的情况下，就可以基于递归神经网络（即回波状态网络）训练，对未知驱动力 e_{t-1} 进行估计。以这一神经网络的在线处理能力，可以发展出新的可靠的海杂波中弱目标检测方法。

回头参看非线性状态空间模型式（4-17）和式（4-18），Heald 和 Stark[74]认为，如果动态噪声和测量噪声都是附加噪声，那么就有可能把它们区分开来。此外，如果有好的动力学模型可用，那么可以运用贝叶斯定理精确估计动态噪声电平和测量噪声电平。参考文献［74］提到的这种噪声估计方法或许可以作为另外一条建立海杂波非线性预测模型的途径。

参 考 文 献

[1] R. E. KALMAN (1960). A new approach to linear fi ltering and prediction problems, *Trans. ASME J. Basic Eng* . 82, 35 – 45.

[2] F. A. ASCIOTI, E. BELTRAMI, T. O. CAROLL, AND C. WIRICK (1993). Is there chaos in plankton dynamics? *J. Plankton Res* . 15 (6), 603 – 617.

[3] J. H. LEFEBVRE, D. A. GOODINGS, M. V. KAMATH, AND E. L. FALLEN (1993). Predictability of normal heart rhythms and deterministic chaos, *Chaos* 3, 267 – 276.

[4] A. A. TSONIS AND J. B. ELSNOR (1992). Nonlinear prediction as a way of distinguishing chaos from random fractal sequences, *Nature* 358, 217 – 220.

[5] N. A. GERSHENFELD AND A. S. WEIGEND (1993). The future of time series, learning and understanding, in *Time Series Prediction*, *Forecasting the Future and Understanding the Past* (A. S. Weigend and N. A. Gershenfeld, eds.), Addison – Wesley, Reading, MA, pp. 1 – 70.

[6] H. D. I. ABARBANEL, R. BROWN, J. J. SIDOROWICH, AND L. S. TSIMRIN (1993). The analysis of observed chaotic data in physical systems, *Rev. Mod. Phys* . 64, 1331 – 1392.

[7] J. D. FARMER (1985). Sensitive dependence on parameters in nonlinear dynamics, *Phys. Rev. Lett* . 55, 351 – 354.

[8] J. KAPLAN AND E. YORKE (1979). Chaotic behavior of multidimensional difference equations, *Lecture Notes in Mathematics* 730, 228 – 237.

[9] N. H. PACKARD, J. P. CRUTCHFI ELD, J. D. FARMER, AND R. S. SHAW (1980). Geometry from a time series, *Phys. Rev. Lett* . 45, 712 – 716.

[10] F. TAKENS (1981). Detecting strange attractors in turbulence, *Lecture Notes in Mathematics* , 898, 366 – 381.

[11] R. MAÑÉ (1981). On the dimension of compact invariant sets of certain nonlinear maps, *Lecture Notes in Mathematics* 898, 230 – 242.

[12] P. GRASSBERGER AND I. PROCACCIA (1983). Measuring the strangeness of strange attractors, *Physica D* 9, 189 – 208.

[13] D. RUELLE (1990). Deterministic chaos: The science and the fi ction, *Proc. R. Soc. London A* 427, 241 – 248.

[14] A. WOLF, J. B. SWIFT, H. L. SWINNEY, AND J. A. VASTANO (1985). Determining Lyapunov exponents from a time series, *Physica D* 16, 285 – 317.

[15] D. S. BROOMHEAD AND G. P. KING (1986). Extracting quantitative dynamics from experimental data, *Physica D* 20, 217 – 226.

[16] T. SAUER, J. A. YORKE, AND M. CASDAGLI (1991). Embedology, *J. Stat. Phys* . 65, 579 – 617.

[17] J. J. SIDOROWICH (1992). Modelling of chaotic time series for prediction, interpolation and smoothing, in *Proceedings of IEEE ICASSP* , IV, San Francisco, pp. 121 – 124.

[18]　M. CASDAGLI (1989). Nonlinear prediction of chaotic time series, *Physica D* 35, 335.

[19]　H. LEUNG AND S. HAYKIN (1990). Is there a radar clutter attractor? *Appl. Phys. Lett.* 56, 393 – 395.

[20]　A. J. PALMER, R. A. KROPFLI, AND C. W. FAIRALL (1995). Signature of deterministic chaos in radar sea clutter and ocean surface waves, *Chaos* 6, 613 – 616.

[21]　H. LEUNG AND T. LO (1993). Chaotic radar signal – processing over the sea, *IEEE J. Oceanic Eng*. 18, 287 – 295.

[22]　S. HAYKIN AND X. B. LI (1995). Detection of signals in chaos, *Proc. IEEE* 83, 94 – 122.

[23]　S. HAYKIN AND S. PUTHUSSERYPADY (1997). Chaotic dynamics of sea clutter, *Chaos* 7 (4), 777 – 802.

[24]　H. GOLDSTEIN (1951). Sea echo in propagation of short radio waves, in MIT Radiation Laboratory Series (D. E. Kerr, ed.), McGraw – Hill, New York.

[25]　F. A. FAY, J. CLARKE, AND R. S. PETERS (1977). Weibull distribution applied to sea – clutter, in *Proceedings of the IEE Conference or Radar'77*, London, 101 – 103.

[26]　G. V. TRUNK (1972). Radar properties of non – Rayleigh sea clutter, *IEEE Trans. Aerosp. Electron. Syst.* 8, 196 – 204.

[27]　E. JAKEMAN AND P. N. PUSEY (1976). A model for non – Rayleigh sea echo, *IEEE Trans. Antennas Propag.* AP – 24 (6), 806 – 814.

[28]　K. D. WARD (1981). Compound representation of high resolution sea clutter, *Electronics Lett.*, 17 (16), 561 – 563.

[29]　K. D. WARD, C. J. BAKER, AND S. WATTS (1990). Maritime surveillance radar, Part 1: Radar scattering from the ocean surface, *IEE Proc. F* 137 (2), 51 – 62.

[30]　T. NOHARA AND S. HAYKIN (1991). Canadian East Coast radar trials and the K – distribution, *IEE Proc. (London) F*138, 80 – 88.

[31]　S. B. KESLER (1977). Nonlinear spectral analysis of radar clutter, Ph. D. thesis, McMaster University, Hamilton, Canada.

[32]　S. HAYKIN, B. W. CURRIE, AND S. B. KESLER (1982). Maximum – entropy spectral analysis of radar clutter, *Proc. IEEE Special Issue on Spectral Estimation* 70 (9), 953 – 962.

[33]　W. STEHWIEN (1989). Radar clutter classifi cation, Ph. D. thesis, McMaster University, Hamilton, Canada.

[34]　S. HAYKIN, W. STEHWIEN, C. DENG, P. WEBER, AND R. MANN (1991). Classifi cation of radar clutter in an air traffi c control environment, *Proc. IEEE* 79 (6), 742 – 772.

[35]　M. W. LONG (1983). *Radar Refl ectivity of Land and Sea*, Artech House, Norwood, MA.

[36]　G. NEUMANN AND W. PIERSON (1966). *Principles of Physical Oceanography*, Prentice – Hall, Englewood Cliffs, NJ.

[37]　H. SITTROP (1977). On the sea – clutter dependency on wind speed, in *Proceedings of the IEE Conference on Radar'* 77, London.

[38]　G. R. VALENZUELA (1978). Theories for the interaction of electromagnetic waves and oceanic waves—a review, *Boundary Layer Meteorol.* 13, 61 – 65.

[39]　C. L. RINO AND H. D. NGO (1998). Numerical simulation of low – grazing – angle ocean microwave

backscatter and its relation to sea spikes, *IEEE Trans. Antennas Propag.* 46 (1), 133 - 141.

[40]　P. H. Y. LEE, J. D. BARTER, B. M. LAKE, AND H. R. THOMPSON (1998). Lineshape analysis of breaking - wave Doppler spectra, *IEE Proc.—Radar, Sonar Navig.* 145 (2), 135 - 139.

[41]　H. C. CHAN (1990). Radar sea - clutter at low grazing angles, *IEE Proc. F* 137 (2), 102 - 112.

[42]　J. W. WRIGHT (1968). A new model for sea clutter, *IEEE Trans. Antennas Propag.* AP - 16 (2), 217 - 223.

[43]　E. CONTE, M. LONGO, AND M. LOPS (1991). Modelling and simulation of non - Rayleigh radar clutter, *IEE Proc. F.* 138 (2), 121 - 130.

[44]　S. WATTS (1996). Cell - averaging CFAR gain in spatially correlated K - distributed clutter, *IEE Proc.—Radar, Sonar Navig.* 143 (5), 321 - 327.

[45]　R. J. A. TOUGH AND K. D. WARD (1999). The correlation properties of gamma and other non - Gaussian processes generated by memoryless nonlinear transformation, *J. Phys. D Appl. Phys.* 32, 3075 - 3084.

[46]　W. J. PIERSON AND L. MOSKOWITZ (1964). A proposed spectral form for fully developed wind seas based on the similarity theory of S. A. Kitaigorodskii, *J. Geophys. Res.* 69 (24), 5181 - 5203.

[47]　M. A. DONELAN AND W. J. PIERSON (1987). Radar scattering and equilibrium ranges in windgenerated waves with application to scatterometry, *J. Geophysic. Res.* 92 (5), 4971 - 5029.

[48]　D. WALKER (2000). Experimentally motivated model for low grazing angle radar Doppler spectra of the sea surface, *IEE Proc.—Radar, Sonar Navig.* 147 (3), 114 - 120.

[49]　D. WALKER (2001). Doppler modelling of radar sea clutter, *IEE Proc.—Radar, Sonar Navig.* 148 (2), 73 - 80.

[50]　J. R. APEL (1987). *Principles of Ocean Physics*, International Geophysics Series, Vol. 38, Academic Press, New York.

[51]　E. N. LORENZ (1963). Deterministic non - periodic fl ows, *J. Atmos. Sci.* 20, 130 - 141.

[52]　E. OTT (1993). *Chaos in Dynamical Systems*, Cambridge University Press, Cambridge.

[53]　J. THEILER, S. EUBANK, A. LONGTIN, B. GALDRIKIAN, AND J. D. FARMER (1992). Testing for nonlinearity in time series: The method of surrogate data, *Physica D* 58.

[54]　A. SIEGEL (1956). *Non - parametric Statistics for the Behavioral Sciences*, McGraw - Hill, New York.

[55]　T. SCHREIBER AND A. SCHMITZ (2000). Surrogate time series, *Physica D* 142, 346.

[56]　J. C. SCHOUTEN, F. TAKENS, AND C. M. VAN DEN BLEEK (1994). Estimation of the dimension of a noisy attractor, *Phys. Rev. E* 50, 1851 - 1861.

[57]　A. M. FRASER AND H. L. SWINNEY (1986). Independent co - ordinates for strange attractors from mutual information, *Phys. Rev. A* 33, 1134 - 1140.

[58]　A. M. FRASER (1989). Information and entropy in strange attractors, *IEEE Trans. Inform. Theory* 35, 245 - 262.

[59]　M. B. KENNEL, R. BROWN, AND H. D. I. ABARBANEL (1991). Determining embedding dimension for phase - space reconstruction using a geometrical construction, *Phy. Rev. E* 45, 3403 - 3411.

[60]　H. D. I. ABARBANEL AND M. B. KENNEL (1993). Local false nearest neighbors and dynamical dimensions from observed chaotic data, *Phys. Rev. E* 47, 3057 – 3068.

[61]　R. BROWN, P. BRYANT, AND H. D. I. ABARBANEL (1991). Computing the Lyapunov exponents of a dynamical system from observed time series, *Phys. Rev. A* 43, 2787 – 2806.

[62]　K. BRIGGS (1990). An improved method for estimating Lyapunov exponents of chaotic time series, *Phys. Lett. A* 151, 27 – 32.

[63]　C. P. UNSWORTH, M. R. COWPER, B. MULGREW, AND S. McLAUGHLIN (2000). False detection of chaotic behavior in the stochastic compound K – distribution model of radar sea clutter, in *IEEE Workshop on Statistical Signal and Array Processing*, 296 – 300.

[64]　H. D. I. ABARBANEL (1996). *Analysis of Observed Chaotic Data*, Springer – Verlag, New York.

[65]　G. S. PATEL AND S. HAYKIN (2001). Chaotic dynamics, in *Kalman Filtering and Neural Networks*, S. Haykin (ed.), Wiley, New York, pp. 83 – 122.

[66]　S. HAYKIN, S. PUTHUSSERYPADY, AND P. YEE (1998), *Dynamic Reconstruction of Sea Clutter Using Regularized RBF Networks*, ASILOMAR, Pacific Grove, CA.

[67]　G. SUGIHARA (1994). Nonlinear forecasting for the classifi cation of natural time series, *Phil. Trans. R. Soc. Lond. Series A*, 348, 477 – 495.

[68]　F. GINI AND M. GRECO (2001). Texture modeling and validation using recorded high resolution sea clutter data, *Proceedings of the* 2001 *IEEE Radar Conference*, Atlanta, GA, May 1 – 3, pp. 387 – 392.

[69]　S. HAYKIN (2000). *Communication Systems*, 4th edition. John Wiley & Sons.

[70]　M. B. PRIESTLEY (1981). *Spectral Analysis and Time Series*, Academic Press, New York.

[71]　T. R. FIELD AND R. J. A. TOUGH (2003a). Stochastic dynamics of the scattering amplitude generating *K* – distributed noise. *J. Math. Phys.* 44 (11), 5212 – 5223.

[72]　T. R. FIELD AND R. J. A. TOUGH (2003b). Diffusion processes in electromagnetic scattering generating *K* – distributed noise. *Proc. R. Soc. Lond.* 459, Series A, 2169 – 2193.

[73]　T. R. FIELD AND S. HAYKIN (2007). Non – linear dynamics of sea clutter. To be submitted to *Proc. IEE Radar*.

[74]　J. P. M. HEALD AND J. STARK (2000). Estimation of noise levels for models of chaotic dynamical systems, *Phys. Rev. Lett.*, 84 (11), 2366 – 2369.

[75]　U. GUNTURKUN AND S. HAYKIN (2007). Echo state networks for driving – force estimation in nonlinear dynamic systems. Submitted for publication in *IEEE Trans. Neural Networks*.

附录 A　本章引用的三类海杂波数据集

这些数据于 1993 年利用 IPIX 雷达收集得到。IPIX 雷达位于新斯科舍省达特茅斯市附近一处海拔 30 m 的崖顶上。雷达面向大西洋，视场角约为 130°。

表 A-1　数据集 L_1：低海况，采样频率 2 000 Hz

时间日期(UTC)	1993.11.18,13:13
RF 频率	9.39 GHz
脉冲宽度	200 ns
脉冲重复频率	2 000 Hz
雷达方位角	190°
掠射角	1.4°
作用距离	1 200～1 410 m,按 8 个距离门采样
距离分辨率	30 m
雷达波束宽度	0.9°
分辨单元宽度	19～23 m
显著浪高	0.79 m
风	24 km/h,340°方向吹来

表 A-2　数据集 L_2：低海况，采样频率 1 000 Hz

时间日期(UTC)	1993.11.17,11:57
RF 频率	9.39 GHz
脉冲宽度	200 ns
脉冲重复频率	1 000 Hz
雷达方位角	135°
掠射角	0.4°
作用距离	4 200～4 410 m,按 14 个距离门采样
距离分辨率	30 m,但采样间距 15 m
雷达波束宽度	1°
分辨单元宽度	73～77 m
显著浪高	0.84 m
风	0 km/h,230°方向吹来

表 A-3　数据集 H：高海况，采样频率 1 000 Hz

时间日期(UTC)	1993.11.17,20:13
RF 频率	9.39 GHz
脉冲宽度	200 ns
脉冲重复频率	1 000 Hz

续表

雷达方位角	190°
掠射角	1.9°
作用距离	900~1 110 m,按 14 个距离门采样
距离分辨率	30 m,但采样间距 15 m
雷达波束宽度	1°
分辨单元宽度	16~19 m
显著浪高	1.82 m
风	22 km/h(阵风达 39 km/h),220°方向吹来

第5章 海杂波非稳定性：长波影响[①]

Maria V. Sabrina Greco 和 **Fulvio Gini**

5.1 引言

海杂波的特性由海面粗糙度所决定[1,2]。这通常可以用两种基本类型的波来表征。第一种是表面张力波，波长（λ）为厘米或以下量级。第二种是较长的重力波（海浪或涌浪），波长范围从一米以下到数百米。在深水中，表面张力波波长 λ ＜1.73 m，重力波波长 λ ＞1.73 m。表面张力波通常由接近海面的狂暴阵风形成，回复力为表面张力。涌浪由稳定的风造成，回复力为重力。实际上，风刚开始吹过平静的海面时，第一道波浪是最短的波。随着这些波浪的增大，能量通过非线性相互作用转移到振幅更大和波长更长的波浪上。这一过程在耗散与波浪增长达到平衡时结束。此时，海浪完全发展成型。由于能量最初是在海浪波长非常短的时候传递，如果风突然停止，短波浪将迅速衰退，而较长的波浪可以持续数日并传播到很远。因此，在海面任一点的波浪都由当地风浪和从其他区域与不同方向传播而来的波浪叠加而成，存在非常复杂的相互作用[3]。

考虑到海面粗糙度不同，Wright[4] 和 Bass 等人[5] 提出了一种双尺度海面散射模型，把海面高度分为大尺度位移和小尺度位移两类。该模型假设，在任何一块长度位于大小尺度波长之间的海域上，可以根据小尺度结构建立 1 阶布拉格散射模型。因此，大尺度结构的作用是通过倾斜海面和纵横向平流输送小尺度结构，改变雷达天线与所考虑海域上各点之间的距离。大尺度海面倾斜产生的效果是，向小尺度散射引入了有效振幅调制[6]。相反地，平流输送的效果是影响整体散射的频率部分。

布拉格散射的基本原理是：沿雷达视线方向测量时，间距为雷达波长一半的散射体回波因同相而相互叠加[1]。布拉格谐振波长为

$$\lambda_B = \frac{\lambda_0}{2\cos\theta_0} \tag{5-1}$$

式中，λ_0 为雷达信号波长；θ_0 为掠射角。对应这一波长的多普勒频率为

$$f_B = \frac{C_0}{\lambda_B} = \sqrt{\frac{g}{2\pi\lambda_B} + \frac{2\pi\gamma}{\lambda_B^3}} \tag{5-2}$$

① 部分研究工作获得了欧洲研发办公室奖金 FA8655 - 04 - 1 - 3059 的资助。本章的部分内容源自论文：F. GINI AND M. GRECO (2002). Texture modelling, estimation, and validation using measured sea clutter data, *IEE Proc. F*, 149 (3), 115 - 124. M. GRECO, F. BORDONI, AND F. GINI (2004). X - band Sea clutter non - stationarity: The influence of long - waves, *IEEE J. Ocean Eng.* (special issue on "Non - Rayleigh Reverberation and Clutter") 29 (2), 269 - 283.

式中，C_0 为由波色散关系确定的布拉格波固有相速；g 为自由落体加速度；γ 为表面张力除以体积密度的商。在微波频段上，布拉格散射来自表面张力波，式（5-2）简化如下

$$f_B \approx \sqrt{\frac{g}{2\pi\lambda_B}} \tag{5-3}$$

因此，满足式（5-1）条件的沿雷达视线方向接近和后退的表面张力波，在没有其他散射现象与长波的情况下，至少可产生两条位于 $\pm f_B$ 的布拉格谱线。这些谱线的大小取决于相对于风向的雷达观测方位角。当雷达位于上风向时，接近布拉格谱线的幅度大于后退谱线；对于下风向，结果相反[3]。对于交叉风向，接近和后退谱线的峰值大小相等。

在真实场景中，以中波（波长大于布拉格波长，小于雷达分辨单元）和长波（波长大于雷达分辨单元）的轨道速度平流输送布拉格散射体。非分辨中波的轨道速度叠加是造成布拉格谱线附近频谱加宽的原因。在多数海洋条件下，由这些轨道运动展宽的布拉格谱线宽度要大于谱线间距，从而使谱线变得无法分辨并只生成一个多普勒峰值；在 X 波段频率上，这种情形相当常见[3,7]。

根据布拉格理论，可以假设，高分辨率雷达分辨出的长波在各个照射单元上不变。因此，它们对多普勒频谱的影响是，按"长波"轨道速度移动多普勒峰值。轨道速度由简谐运动 $V_0 = \pi f H = \pi H / T$ 确定，其中 f 为周期为 T 的长重力波频率，H 为波峰到波谷的高度。轨道速度对布拉格散射体起主要作用的是水平分量，即 $V_{OR} = V_0 \cos(2\pi f t - Kx)$，其中 K 为波数，x 为空间位置[8]。位于波浪波节、波顶、波谷的散射体速度相差非常大。最后，任何表面洋流，包括风漂流，都能造成附加的多普勒频移。通常用于表示这一漂流的公式为 $D_w = 0.03 U_w$，其中 U_w 为风速①。因此，考虑到轨道速度、洋流速度 V_c、风漂流的作用（见图 5-1），按照下式计算时变瞬时多普勒频移

$$f_D = \frac{2\cos\theta_0}{\lambda_0}(\pm C_0 + V_{OR} + D_w + V_c) \tag{5-4}$$

由于 V_{OR} 的周期性，f_D 也具备周期性。实际上，布拉格散射不是导致杂波反射的唯一现象，特别是在海面有破碎波的情况下。在两篇论文 [9，10] 中，Walker 对破碎波经过雷达照射区时生成的水平（HH）和垂直（VV）极化的多普勒频谱进行了研究。共观测到 3 类散射：1）布拉格散射，出现于 HH 和 VV 极化方式的海杂波中，但 VV 极化方式下其散射幅度更大；2）白浪散射，两种极化方式下散射的振幅大致相等，而且明显比背景散射的强，特别是 HH 极化情况下，布拉格散射通常较弱；3）尖峰，只在上风向 HH 极化的海杂波中出现且较强，VV 极化时不出现。因此，需要对布拉格散射占主导的数据集②进行分析，以清楚地观察长波对雷达回波的影响。

根据现代统计学海杂波相关文献，双尺度模型的小尺度散射结构称为"散斑"[11-15]。小尺度结构的倾斜产生散斑振幅调制，从而引起局部功率电平的变化。这一变化可以作为随机慢变过程进行建模，并称为"纹理"。所建立的模型符合"复合高斯"分布。根据该

---

① 按照参考文献 [1] 的表示法，很容易得到 $V_{OR} + D_w + V_D$。

② 例如，下风向 VV 数据。

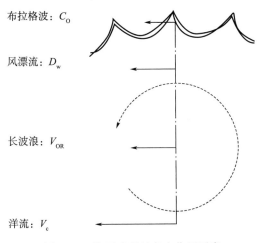

布拉格波：C_O

风漂流：D_w

长波浪：V_{OR}

洋流：V_c

图 5-1　海面速度的各大作用因素

模型，海杂波的复包络表示为快变和慢变分量的乘积，见下式

$$z(n) = \sqrt{\tau(n)}\, x(n) \tag{5-5}$$

快变分量 $x(n)$ 即散斑，表示局部反向散射，设为稳定复高斯过程（零均值和单位功率）；慢变分量 $\tau(n)$ 即纹理，描述海杂波数据的基本功率电平，为非负实随机过程。由于物理成因不同，这两个分量采用不同的相关时间进行建模。对于 X 波段高分辨率海杂波数据，散斑相关时间为数十毫秒级，而纹理为数秒级[16]。因为纹理的相关时间较长，所以在许多关于雷达探测的研究中，纹理都作为退化过程进行建模[17-20]；也就是说，假定纹理在每段相干处理间隔（CPI）内是不变的，并按照给定的概率密度函数（PDF）从一个 CPI 变化到另一个。这一假定适用于雷达处理时间不是很长的情况，而且基于该假定，可以建立著名的威布尔（Weibull）模型和 K 模型[1,11]。随着雷达处理时间的增长，纹理就不能作为随机常数进行建模，必须适当考虑它随时间的变化。为了预测纹理特性，参考文献［16］对复合高斯模型进行了扩展，把纹理当作谐波过程进行建模，并推导分析有关估计其正弦分量的方法。按照复合高斯模型，纹理和散斑为两个独立的过程：散斑为稳定的，纹理是对散斑的振幅调制。然而，根据 Haykin 等人[1]的建议，以及双尺度模型，慢变和快变时变过程之间的关系十分复杂：慢变的涌浪运动不仅对散斑的振幅进行调制，而且还对它的平均频率（多普勒中心频率）和带宽进行调制。

本章首先通过分析 IPIX 雷达①收集的海杂波试验数据，证明长波对散斑反向散射的调制影响。IPIX 雷达为高分辨率低掠射角雷达，位于新斯科舍省达特茅斯市的奥斯本角靶场（OHGR）。接着，通过计算互协方差和互谱函数，研究长波变化与散斑频谱形状参数之间的相互关系。这些形状参数包括功率（或纹理）、多普勒中心频率和带宽等。然后，利用非稳定自回归（AR）过程对所研究的物理现象进行说明和建模。最后，在真实数据集的基础上，描述和检验纹理过程的参数模型。

---

① IPIX 雷达见第 1 章。

　　虽然在一些文献中已经仔细研究过长波对整体散射的影响，但是这些都是理论分析；而试验性分析只考虑平均频谱，即基于整个数据集[3,21,22]计算得到的频谱。此类分析只适用于低分辨率雷达。实际上，如参考文献[21]所述，在这种情况下，低分辨率雷达可实现多个波的空间平均，无法区分在记录期间通过分辨单元的波的不同特征。在参考文献[1]和[8]中，描述了在真实海杂波时变频谱中一些长波和破碎波振幅与频率调制的证据。这里通过详细的统计数据分析，对这些试验证据进行研究，估量长波对海杂波振幅和频谱的影响，提出把上述物理现象考虑在内的统计学模型。

　　本章下面的内容分别为：5.2 说明所处理的数据集。5.3 节论述基于对数正态、威布尔、K 和广义 K 分布的海杂波反向散射统计学分析。5.4 节和 5.5 节通过分析所观测到的海杂波行为，建立关于散斑反向散射中长波调制效应的模型。特别是在 5.5 节中，利用自回归（AR）模型构建多普勒中心频率与带宽的时变模型。5.6 节基于周期性海面结构，建立纹理参数模型。5.7 节进行总结。

5.2　雷达和数据说明

　　海杂波数据由位于奥斯本角靶场（OHGR）的 IPIX 雷达收集得到。IPIX 雷达为试验型 X 波段搜索雷达，具备双极化和频率捷变工作能力，特征指标见表 5-1（详见参考文献[13]）。雷达站点位于海拔 30 m 面朝大西洋的一处崖顶上，视场角约为 130°。OHGR 数据库的数据存储为 1 字节的整型数据，数值范围为 0～255。通过 HH 与 VV（L 极）同极化和 HV 与 VH（X 极）交叉极化相关接收，可以记录 4 组同相（I）和正交（Q）数值。

表 5-1　数据源：OHGR 数据库[35]

发射机	接收机	抛物面天线
TWT 峰值功率：8 kW 双频 　同步同时发射 　8.9～9.4 GHz，捷变 H 和 V 极化，捷变 脉冲宽度：200 ns	相干接收 两个线性接收机 每个接收机都含 H 极化和 V 极化 捷变频率调谐 瞬时动态范围：>50 dB	直径：2.4 m 笔形波束宽度：0.9° 天线增益：44 dB 旁瓣：<−30 dB 交叉极化隔离：>33 dB

　　所分析文件的特征和采集条件见表 5-2。虽然已处理全部极化方式的数据，但是这里重点说明与文件 Starea4（1993 年 11 月 7 日晚上 11:23 记录）的 VV 极化数据和文件 Starea12（1993 年 11 月 12 日下午 1:44 记录）的 HH 数据相关的试验结果。第一个数据集的记录条件特别容易显示海况完全发展和雷达下风向观测时的长波调制影响。在数据收集期间，加拿大天气预报部门报道，显著浪高为 2.23 m，平均周期 8.3 s，11 月 6 日晚上 8 时起风速达到 4～15 km/h，前 24 小时达到强风速（35～45 km/h）后趋于相对平静（1～3 蒲福风力等级）。从上午 10 点开始，风向偏北 280°，方位角固定为偏北 134°（相差

146°，近似为下风向）。根据这些 VV 数据采集条件，可以判断布拉格散射占主导。文件 Starea4 的记录条件如图 5-2 所示。参考文献 ［16］ 通过分析文件 Starea12，建立了纹理过程的参数模型。

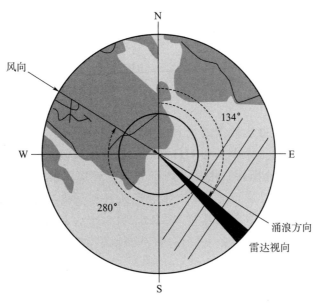

图 5-2　雷达和波浪几何，11 月 7 日，Starea 4

表 5-2　运算数据来自 OHGR 数据库[35]。天气数据来自加拿大天气预报部门

数据集名称	Starea4	Starea12	Starea4	Starea2
采集日期,时间	1993.11.7,11:23	1993.11.12,11:23	1993.11.6,11:23	1993.11.6,11:23
距离门数	7	7	11	11
开始距离/m	2 574	1 599	2 001	2 001
距离分辨率/m	30	30	30	30
测距窗口/m	210	210	210	210
脉冲宽度/ns	200	200	200	200
距离采样率/ MHz	10	10	5	5
扫描总数	262 144	262 144	131 072	131 072
单元样本数	131 072	131 072	131 072	131 072
脉冲重复频率(极化捷变)/ kHz	2	2	2	2
RF 频率/ GHz	9.39	9.39	9.39	9.39
掠射角/(°)	0.305	0.68	0.406	0.455
方位角(偏北)/(°)	134	190	100	211
风向(偏北)/(°)	280	202	204	204
近似观测方向	下风	上风	侧风	上风
风速	7 km/h (1.94 m/s)	28~46 km/h (7.77~12.77 m/s)	40 km/h (11.11m/s)	40 km/h (11.11m/s)

数据集名称	Starea4	Starea12	Starea4	Starea2
显著浪高/ m	2.23	2.3	3.70	3.70
显著浪周期/ s	8.3	4.7	7	7
海况	完全发展	未完全发展	未完全发展	未完全发展

5.3 统计数据分析

分析的第一步，研究雷达数据的统计学特性。这里描述的数值结果对应来自文件 Starea4 中 7 个距离门中每一个 VV 和 HH 数据。在参考文献 [11-13, 23-25] 中，运用多种分布对高分辨率非高斯杂波的振幅 PDF 进行了建模。这里将 VV 和 HH 数据的经验 PDF 与对数正态（LN）、威布尔（W）、K、广义 K 模型进行对比。纳入考虑的广义 K 模型有两个：一个含广义伽马分布纹理（GK），另一个含对数正态纹理（LNT）。这些 PDF 与其矩的表达式如下，其中 $R = |z(n)|$ 表示杂波振幅。

（1）对数正态模型（LN）

$$\text{PDF：} p_R(r) = \frac{1}{r\sqrt{2\pi\sigma^2}} \exp\left\{-\frac{1}{2\sigma^2}\left[\ln(r/\delta)\right]^2\right\} u(r) \tag{5-6}$$

$$\text{矩：} \boldsymbol{E}\{R^n\} = \delta^n \exp(n^2\sigma^2/2)，\quad n = 1, 2, 3, \cdots \tag{5-7}$$

式中，$u(\cdot)$ 为单位阶跃函数；$\sigma > 0$ 为形状参数；$\delta > 0$ 为尺度参数。

（2）威布尔模型（W）

$$\text{PDF：} p_R(r) = \frac{c}{b}\left(\frac{r}{b}\right)^{c-1} \exp\left[-(r/b)^c\right] u(r) \tag{5-8}$$

$$\text{矩：} \boldsymbol{E}\{R^n\} = b^n \Gamma(n/c + 1)，\quad n = 1, 2, 3, \cdots \tag{5-9}$$

式中 c 为形状参数，$b > 0$ 为尺度参数。当 $c = 2$ 时，瑞利 PDF 是威布尔 PDF 的特例。对于尖峰杂波，通常有 $c \in [0.1, 1.5]$。

（3）K 模型（K）

$$\text{PDF：} p_R(r) = \frac{\sqrt{4(v/\mu)}}{2^{v-1}\Gamma(v)}\left(\sqrt{\frac{4v}{\mu}}r\right)^v K_{v-1}\left(\sqrt{\frac{4v}{\mu}}r\right) u(r) \tag{5-10}$$

$$\text{矩：} \boldsymbol{E}\{R^n\} = \left(\frac{\mu}{v}\right)^{n/2} \frac{\Gamma(v+n/2)\Gamma(n/2+1)}{\Gamma(v)}，\quad n = 1, 2, 3, \cdots \tag{5-11}$$

式中，$\Gamma(\cdot)$ 为伽马函数；$K_{v-1}(\cdot)$ 为第三类 $v-1$ 阶修正贝塞尔函数；v 为形状参数；μ 为尺度参数[①]。对于尖峰杂波，通常有 $v \in [0.1, 2]$。

（4）广义伽马纹理广义 K 模型（GK）

$$\text{PDF：} p_R(r) = \frac{2br}{\Gamma(v)}\left(\frac{v}{\mu}\right)^{vb} \int_0^\infty \tau^{vb-2} \exp\left[-\frac{r^2}{\tau} - \left(\frac{v}{\mu}\tau\right)^b\right] \mathrm{d}\tau u(r) \tag{5-12}$$

---

① 设 $c = \sqrt{v/\mu}$，式（5-10）等于第 4 章的式（4-7）。

$$矩：\boldsymbol{E}\{R^n\} = \left(\frac{\mu}{v}\right)^{n/2} \frac{\Gamma(v+n/2)\,\Gamma(n/2+1)}{\Gamma(v)}, \quad n=1,2,3,\cdots \quad (5-13)$$

该 K 模型为广义 K 模型的特例。设 b＝1，就可以从方程式（5 - 12）和式（5 - 13）获得方程式（5 - 10）和式（5 - 11）。在约束条件下，当 $(v, b) \rightarrow (+\infty, 0)$ 时，广义伽马 PDF 转换成对数正态 PDF。

（5）对数正态纹理广义 K 模型（LNT）

$$PDF：p_R(r) = \frac{r}{\sqrt{2\pi\sigma^2}} \int_0^\infty \frac{2}{\tau^2} \exp\left\{-\frac{r^2}{\tau} - \frac{1}{2\sigma^2}\left[\ln(\tau/\delta)\right]^2\right\} d\tau\, u(r) \quad (5-14)$$

$$矩：\boldsymbol{E}\{R^n\} = \delta^{n/2} \Gamma(n/2+1) \exp\left[\frac{1}{2}\left(\frac{n\sigma}{2}\right)^2\right], \quad n=1,2,3,\cdots \quad (5-15)$$

采用经典矩量法（MoM），把第一和第二经验与理论矩做成等式[13]（见参考文献［26，27］），就可以得到上述除了 GK - PDF 外所有 PDF 的特性参数。例如，K - PDF 的参数可以通过求解下面两个方程得到

$$\mu = \boldsymbol{E}\{R^2\}$$
$$\frac{4v}{\pi}\left[\frac{\Gamma(v)}{\Gamma(v+1/2)}\right]^2 = \frac{\boldsymbol{E}\{R^2\}}{(\boldsymbol{E}\{R\})^2} \quad (5-16)$$

其中第 k 阶矩用其样本估计代替：

$$\hat{\boldsymbol{E}}\{R^k\} = \frac{1}{N_s}\sum_{n=1}^{N_s} |z(n)|^k \rightarrow \boldsymbol{E}\{R^k\} \quad (5-17)$$

式中，N_s 表示样本大小（对于文件 Starea4，$N_s = 131\,072$）。就 GK - PDF 而言，采用上述方法遇到了几个数值问题，这是由广义 K 模型的归一化 2 阶矩和归一化 3 阶矩的平滑性引起的。其中，广义 K 模型为模型参数的函数。因此，采用了比未知矩数量更多的经验矩；参数 v 和 b 的估计为

$$(\hat{v}, \hat{b}) = \underset{(v,b)}{\mathrm{argmin}} J(v,b) = \underset{(v,b)}{\mathrm{argmin}} \sum_{k=2}^{5} \left|\frac{\hat{m}_R(k) - m_R(k)}{m_R(k)}\right|^2 \quad (5-18)$$

式中，$m_R(k) \triangleq \boldsymbol{E}\{R^k\} / (\boldsymbol{E}\{R\})^k$ 为归一化 k 阶矩（与 μ 无关）；$\hat{m}_R(k)$ 为它的样本估计。对于其他分布，由于高阶矩的估计方差较大，只采用两个最低的有效矩较为合适[13]。式（5 - 18）中泛函的全局最小值可以通过两次连续的二维搜索找到。第一次是粗搜索，以避免收敛于局部最小值。第二次是精搜索，在粗搜索最小值附近找到全局最小值。精搜索采用 Nelder - Mead 单纯形（直接搜索）法。一旦获得 v 和 b 的估计，就可以根据一阶矩估计 $\hat{\boldsymbol{E}}\{R\}$ 确定 $\hat{\mu}$。表 5 - 3 和表 5 - 4 记录了数据集 Starea4 中 VV 和 HH 极化数据相关参数的估计值。VV 数据的直方图分析结果如图 5 - 3 所示。经验和理论归一化矩 $\{m_R(k)\}_{k=1}^6$ 如图 5 - 4 所示。结果表明复合高斯型 GK - PDF 模型的数据拟合非常好；即使是在表 5 - 3 和表 5 - 4 明显显示杂波反向散射空间异构，即各单元的分布参数都不一样的情况下，也是如此。为了确定拟合度，按照参考文献［28］的定义，计算各分布的均方根误差（RMSE）

$$RMSE = \frac{1}{N_P} \sum_{k=1}^{N_p} |p_R(k) - h(k)|^2 \qquad (5-19)$$

式中，$p_R(\cdot)$ 为正在检验的 PDF；$h(\cdot)$ 为数据直方图分析结果；k 为振幅轴上的点（直方图和 PDF 都基于该点计算）。可以发现，通常威布尔、K、GK、LNT 模型的 RMSE 都差不多，而且非常小，见表 5-3 和表 5-4。表 5-3 和表 5-4 记录有各单元和各模型的 RMSE 值。在两张表的最后一列（R）中，记录了运用具有相同数据均值的瑞利 PDF 计算得到的 RMSE[13]。很明显，瑞利模型的结果与实测数据相差非常大。利用 GK 模型总是可以获得最佳拟合的矩。基于文件 Starea12，进行类似的统计分析，再次表明 HH 数据与 K 分布振幅复合高斯模型保持了良好的一致性。

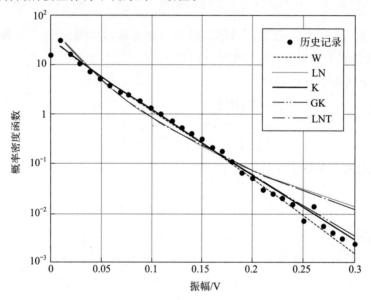

图 5-3　杂波振幅 PDF，Starea4，VV 极化，第三距离门

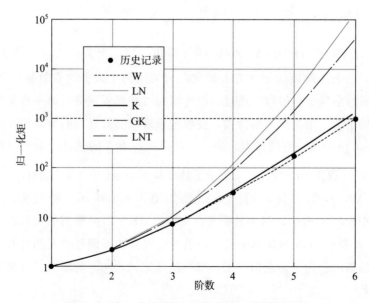

图 5-4　归一化杂波矩，VV 极化，第三距离门

表 5 - 3　估计参数，文件 Starea4，VV 极化

距离门	W $\hat{c}$	W $\hat{b}/10^{-2}$	W RMSE$/10^{-4}$	LN $\hat{\delta}/10^{-4}$	LN $\hat{\sigma}^2$	LN RMSE$/10^{-4}$	K $\hat{V}$	K $\hat{\mu}/10^{-4}$	K RMSE$/10^{-4}$	GK $\hat{V}$	GK $\hat{\mu}/10^{-4}$	GK $\hat{b}$	GK RMSE$/10^{-4}$	LNT $\hat{\delta}/10^{-4}$	LNT $\hat{\sigma}^2$	LNT RMSE$/10^{-4}$	R RMSE$/10^{-4}$
1	0.91	2.57	1.20	1.00	0.87	78.5	0.39	8.07	3.06	0.99	5.14	1.16	3.65	2.63	2.24	57.3	961
2	0.96	2.43	1.69	85.1	0.86	27.5	0.45	6.33	2.13	0.45	1.40	1.99	2.23	6.33	1.93	18.0	502
3	0.93	2.79	21.6	1.15	0.89	219	0.39	9.17	13.0	0.26	34.9	2.92	3.50	3.09	2.18	175	1580
4	0.82	2.98	16.1	1.35	0.96	79.2	0.30	13.6	54.2	0.86	9.60	1.08	3.80	3.53	2.70	52.7	1560
5	0.84	3.25	7.16	1.66	0.94	200	0.31	15.7	16.5	0.25	60.5	2.28	19.0	4.19	2.64	151	2060
6	0.84	3.08	7.36	1.48	0.94	219	0.31	14.1	7.15	0.26	52.3	2.20	8.39	3.78	2.64	170	2100
7	0.80	3.44	30.8	1.90	0.97	332	0.28	19.4	11.4	0.18	94.0	2.75	15.2	4.75	2.82	269	2360

表 5 - 4　估计参数，文件 Starea4，HH 极化

距离门	W $\hat{c}$	W $\hat{b}/10^{-3}$	W RMSE$/10^{-6}$	LN $\hat{\delta}/10^{-6}$	LN $\hat{\sigma}^2$	LN RMSE$/10^{-6}$	K $\hat{V}$	K $\hat{\mu}/10^{-5}$	K RMSE$/10^{-6}$	GK $\hat{V}$	GK $\hat{\mu}/10^{-7}$	GK $\hat{b}$	GK RMSE$/10^{-6}$	LNT $\hat{\delta}/10^{-5}$	LNT $\hat{\sigma}^2$	LNT RMSE$/10^{-6}$	R RMSE$/10^{-6}$
1	0.81	5.54	46.0	2.81	0.97	11.5	0.27	5.00	55.8	4.30	0.18	0.45	14.4	1.19	2.88	14.9	62.2
2	1.05	5.84	$<10^{-6}$	3.31	0.79	0.33	0.60	3.00	$<10^{-6}$	1.12	<0.001	0.42	0.04	1.40	1.56	0.10	10
3	0.96	6.22	18.3	3.71	0.86	5.51	0.46	4.20	18.5	58.2	<0.001	0.16	6.03	1.55	1.98	7.97	18.7
4	0.55	4.60	817	2.45	1.24	304	0.12	15	1070	0.84	188	0.58	72.5	1.06	5.30	221	236
5	0.76	6.90	104	4.89	1.01	25.5	0.26	9.3	188	2.72	6.09	0.54	25.2	1.96	3.12	29.9	386
6	0.88	7.01	53.6	4.90	0.91	13.7	0.36	6.4	60.8	1.85	59.8	0.78	26.8	1.97	2.35	15.5	72.1
7	0.73	7.30	139	5.49	1.04	59.2	0.24	116	240	1.63	65.4	0.64	74.7	2.14	3.38	68.2	661

5.4　长波调制：混合 AM/FM 模型

　　本节分析长波对布拉格波散斑的物理调制现象。如前所述，因为布拉格散射占主导（在文件 Starea4 的记录条件下）和长波影响明显，所以选择垂直极化是合理的。根据合成曲面理论[1,6]，与 HH 反向散射相比，VV 反向散射的平均功率较高。这点可以参看图 5-5～图 5-7 所示的分析文件图。特别是，图 5-5 给出各距离门平均 HH 和 VV 反向散射功率。图 5-6 为利用滑动窗口（MW）估计器估计纹理随时间的变化；MW 估计器定义如下

$$\hat{\tau}(l) = \frac{1}{L} \sum_{n=1+(l-1)L/2}^{(l+1)L/2} |z(n)|^2, \quad l = 1, 2, 3, \cdots, N_B \quad (5-20)$$

式中，$z(n)$ 为第 n 个数据复包络样本；$N_B = 2\,047$，为划分整个距离门数据的脉冲串的数量；$L = 128$，为第 l 个脉冲串的样本数量（相邻脉冲串 50% 重叠）。假设并检验纹理在每个 0.128 s 短脉冲内保持不变。对于两种极化，纹理都明显表现出殆周期行为。最后，图 5-7 为 HH 和 VV 纹理比值与观察时间间隔的关系曲线；图中的尖峰非常明显。当尖峰不出现时，HH-VV 比值总是小于 1[10]。在第 3 个距离门只有两个尖峰，一个位于 40 s，另一个在 68 s 处。因此，布拉格散射明显占主导①。根据统计学分析，文件 Starea4 的数据存在尖峰特征；特别是相关 PDF 表明，即使在布拉格散射相对于尖峰散射为主导的情况下，同相和正交极化时都存在长的拖尾。

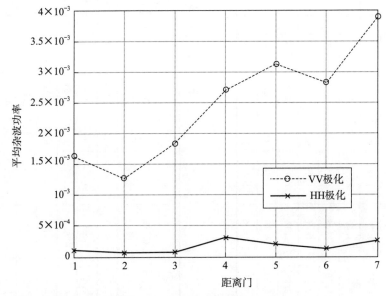

图 5-5　VV 和 HH 极化平均反向散射功率与对应距离门的关系曲线。数据集：11 月 7 日的 Starea4

---

　　①　注意，尖峰一词在统计学和散射理论上有两个含义。一般在统计学分析中说杂波的时间关系曲线为尖峰形，是指它比高斯情形下更频繁、更明显地出现振幅峰值。

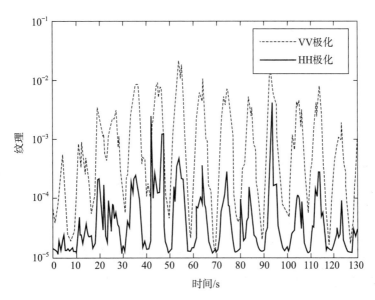

图 5 - 6　VV 和 HH 极化反向散射平均纹理与观察时间间隔的关系曲线。
数据集：11 月 7 日的 Starea4，距离门 3

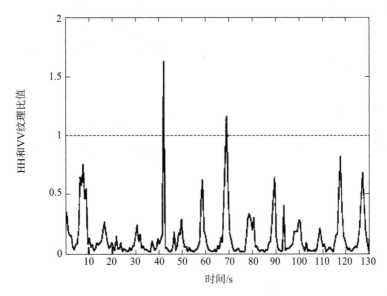

图 5 - 7　极化比与观察时间间隔的关系曲线。数据集：11 月 7 日的 Starea4，距离门 3

在频域上，时变频谱证明了功率周期性与涌浪振幅调制效应的存在。在图 5 - 8（a）中，频谱的频率范围为 −200~200 Hz，包含大部分海杂波作用区间。时间多普勒曲线通过计算 512 样本（0.512 s）滑动窗口上的 FFT 得到，之后再经过汉明（Hanning）窗加权和 50% 的重叠。该 512 点 FFT（$N_F = 512$）生成频率范围 −500~500 Hz 的频谱。平均纹理和频谱表现出周期为 10s 的共同周期性趋势，与雷达视线内的涌浪一致。然而，长波的影响并不只有振幅调制，还包含时变频谱形状、带宽、最大值的周期性变化。这一海杂波行为在图 5-8（b）的归一化频谱［图 5-8（a）不是归一化频谱］上更为明显。整个数据序列再次被分为 $N_B = 2N_s/L_b - 1 = 511$ 个脉冲串，每个脉冲串有 $L_b = 512$ 个样本，相邻脉冲串重叠 50%。单个频谱采用 512 点 FFT 和汉明窗口技术，并基于局部杂波功率进行归一化处理。海杂波的非稳定性明显与周期性频谱变化相关。这些变化与长波作用于布拉格散射的频率调制所引起的频率范围和多普勒峰值改变一致。

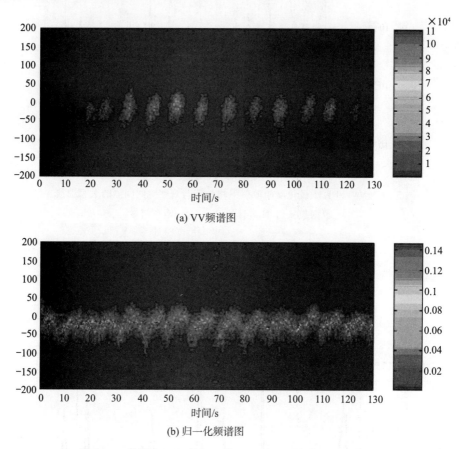

(a) VV频谱图

(b) 归一化频谱图

图 5-8　数据集：11 月 7 日的 Starea4，距离门 3（见彩插）

为了确定反向散射多普勒频谱的时间变化，根据下面两个式子分别计算杂波多普勒中心频率和均方根带宽

$$f_C = \frac{\int_{-\infty}^{\infty} f S(f) \mathrm{d}f}{\int_{-\infty}^{\infty} S(f) \mathrm{d}f} \tag{5-21}$$

$$B_W = \sqrt{\frac{\int_{-\infty}^{\infty} (f - f_C)^2 S(f) \mathrm{d}f}{\int_{-\infty}^{\infty} S(f) \mathrm{d}f}} \tag{5-22}$$

式中，f 为频率；$S(f)$ 为杂波功率谱密度（PSD）。因为多普勒中心频率的特征通常更能够代表短时频谱变化，特别是在频谱形状非对称的情况下，所以这里研究的不是 PSD 峰

值特征，而是多普勒中心频率特征。按照下面两个式子分别计算时变中心频率和带宽

$$\hat{f}_C(l) = \frac{1}{Q} \sum_{n=-N_F/2}^{N_F/2-1} f(n) P_l(n), \quad l = 1, 2, \cdots, N_B \tag{5-23}$$

$$\hat{B}_W(l) = \sqrt{\frac{1}{Q} \sum_{n=-N_F/2}^{N_F/2-1} [f(n) - \hat{f}_C(l)]^2 P_l(n)}, \quad l = 1, 2, \cdots, N_B \tag{5-24}$$

式中，$f(n) = 1\,000n/N_F$（单位：Hz）为数字频率；$P_l(n)$ 为对应 $f(n)$ 的第 l 个数据脉冲串（包含 512 个样本）周期图；$N_F = 512$ 个点；$Q = \sum_{n=-N_F/2}^{N_F/2-1} P_l(n)$。

图 5-9 同时显示了基于第 3 个距离门数据处理得到的纹理、多普勒中心频率和带宽的时间变化曲线。它们呈现出共同的周期趋势，同时伴随着自身的相互延迟。多普勒中心频率在 $-50 \sim 5$ Hz 范围内变化，带宽在 $25 \sim 225$ Hz 范围内变化。从图中可以看到，纹理极大值与带宽极小值一致，反之亦然。频谱放大的原因可能是长波诱导调制或是热噪声。频谱噪声的影响与接收雷达回波的时间特征由杂波噪声功率比（CNR）确定，可能相差很大。根据估计，CNR 的范围从纹理最大时的 80 dB 左右到纹理最小时的 -5 dB 左右。在后一种情况下，噪声对雷达的影响较大。虽然多普勒中心频率和带宽行为与纹理行为一致，但是有 $2 \sim 3$ s 和 5 s 的小延迟，即大约 1/4 和 1/2 涌浪周期。

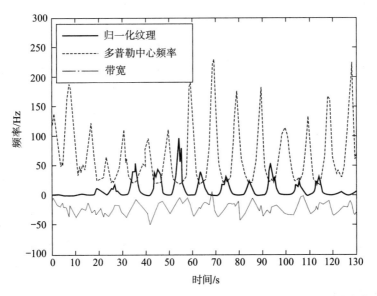

图 5-9 VV 极化反向散射平均纹理、多普勒中心频率和带宽的时间演变曲线。
数据集：11 月 7 日的 Starea4，距离门 3，VV 极化

为了量化纹理、中心频率、带宽之间的关系，计算它们的互协方差函数（CCF）。时变纹理和多普勒中心频率之间的 CCF 计算如下

$$C_{\tau C}(m) = \frac{\displaystyle\sum_{l=1}^{N_B-|m|} [\hat{\tau}(l)-\hat{\eta}_\tau] \cdot [\hat{f}_C(l+m)-\hat{\eta}_C]}{\displaystyle\sum_{l=1}^{N_B} [\hat{\tau}(l)-\hat{\eta}_\tau]^2 \sum_{l=1}^{N_B} [\hat{f}_C(l)-\hat{\eta}_C]^2}, \quad m=-(N_B-1),\cdots,N_B$$

$$(5-25)$$

纹理和带宽之间的 CCF 计算如下

$$C_{\tau W}(m) = \frac{\displaystyle\sum_{l=1}^{N_B-|m|} [\hat{\tau}(l)-\hat{\eta}_\tau] \cdot [\hat{B}_W(l+m)-\hat{\eta}_W]}{\sqrt{\displaystyle\sum_{l=1}^{N_B} [\hat{\tau}(l)-\hat{\eta}_\tau]^2 \sum_{l=1}^{N_B} [\hat{B}_W(l)-\hat{\eta}_W]^2}}, \quad m=-(N_B-1),\cdots,N_B$$

$$(5-26)$$

式中，$\hat{\tau}(l)$、$\hat{f}_C(l)$、$\hat{B}_W(l)$ 分别为纹理、多普勒中心频率和带宽的估计量。

$$\hat{\eta}_\tau = \frac{1}{N_B}\sum_{l=1}^{N_B}\hat{\tau}(l), \quad \hat{\eta}_C = \frac{1}{N_B}\sum_{l=1}^{N_B}\hat{f}_C(l), \quad \hat{\eta}_W = \frac{1}{N_B}\sum_{l=1}^{N_B}\hat{B}_W(l) \qquad (5-27)$$

分别为它们的样本平均值。图 5-10（a）和图 5-10（b）分别为 $C_{\tau C}(m)$ 和 $C_{\tau W}(m)$ 的曲线。两个截断正弦曲线之间的互协方差特性非常相似。这两条曲线的周期都是 10 s，分别存在大约 2.5 s 和 5 s 的延迟。

　　为了重新获得共同正弦分量的实际频率值，计算交叉功率谱密度的绝对值，即 $C_{\tau C}(m)$ 和 $C_{\tau W}(m)$ 的傅里叶变换绝对值。结果如图 5-11（a）和图 5-11（b）所示。这些交叉功率谱密度包含纹理和中心频率的频率"相似性"信息，该信息与调制传递函数（MTF）的相似。MTF 在地球物理学文献中非常普遍（见参考文献［6］及其参考文献）。交叉功率谱密度的峰值与两个分析信号的共有频率对应。例如，纹理与多普勒中心频率和纹理与带宽信号都存在位于 $f_{LW}=0.1$ Hz 的频率分量。具体情况可见图 5-12（a）～（c）所示的纹理、多普勒中心频率、带宽的归一化傅里叶频谱（移除样本平均值后计算得到）。图中曲线证明了近似线形多普勒频谱包含位置与长波频率 $f_{LW}=0.1$Hz 一致的分量的假设。此外，特别是纹理和带宽频谱，位于 $f=2f_{LW}$ 处的二次分量接近 $f\approx0$。这些结果表明，至少在布拉格散射主导时，长波对散斑散射的振幅调制造成局部功率变化，频率调制造成频谱中心频率和带宽周期性变化。

　　基于收集时的特定条件，Starea4（11 月 7 日）数据特别容易显现长波调制效果。但是，对于其他分析文件，如 11 月 6 日记录的 Starea2 和 Starea4 与 11 月 12 日记录的 Starea12，并不是如此。Starea2 和 Starea12 在近似上风条件下记录，Starea4 在侧风条件下记录。实际上，根据加拿大的天气预报，可以合理地假设海况未完全发展（见 5.2 节）。当海况未完全发展时，雷达观测方向不是下风向，可以观测到破碎波，此时，布拉格散射不再占主导，导致调制效果不明显。然而，除了 11 月 6 日侧风条件下收集的数据 Starea4 外，纹理、多普勒中心频率、带宽的时间变化曲线仍表现出明显的共性。这些观测结果还可以通过互协方差函数和归一化傅里叶频谱证实。虽然与参考文献［29］首次记录的结果不那么一致，但是实际上，共有谱线的频率位置与长波的一致。

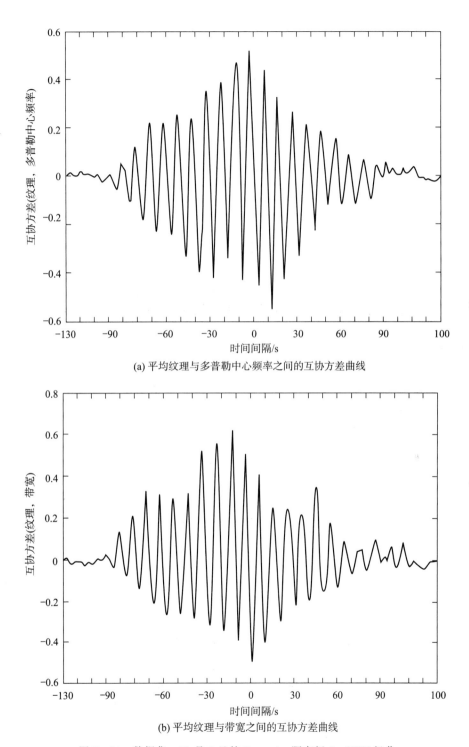

(a) 平均纹理与多普勒中心频率之间的互协方差曲线

(b) 平均纹理与带宽之间的互协方差曲线

图 5-10 数据集：11 月 7 日的 Starea4，距离门 3，VFV 极化

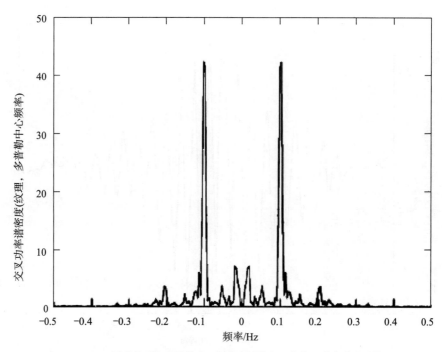

(a) 平均纹理与多普勒中心频率之间的归一化交叉功率谱绝对值

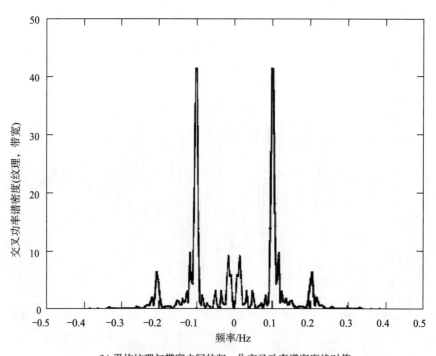

(b) 平均纹理与带宽之间的归一化交叉功率谱密度绝对值

图 5 - 11 数据集：11 月 7 日的 Starea4，距离门 3，VV 极化

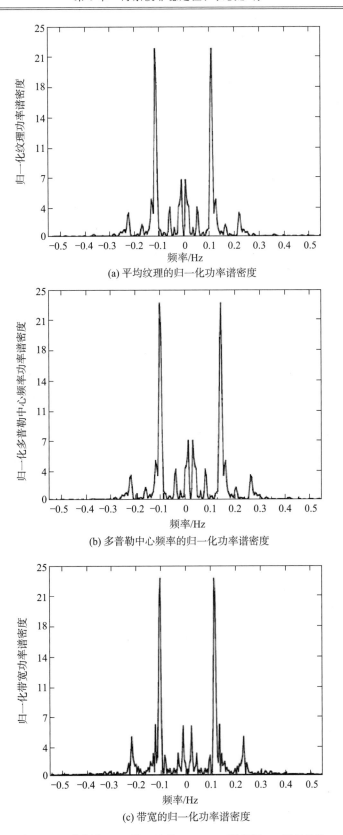

(a) 平均纹理的归一化功率谱密度

(b) 多普勒中心频率的归一化功率谱密度

(c) 带宽的归一化功率谱密度

图 5-12　数据集：11 月 7 日的 Starea4，距离门 3，VV 极化

5.5　非稳定 AR 模型

杂波建模有两个目标：第一个是深入了解形成杂波信号的物理和电磁因素；第二个是建立基于物理背景的数学模型，生成和处理杂波信号，以检验探测算法。在本节中，通过 AR 建模描述 5.4 节分析的长波调制物理现象。根据论证，自回归模型适用于高斯和非高斯过程（见第 4 章参考文献 [30]）。

模型能否描述所关心的物理现象不是主要问题，模型数学上是否易处理才是主要问题。通过研究发现，3 阶 AR 模型 AR（3）同时满足上面两个要求。考虑到数学易处理性，AR（3）模型由 7 个实参数、3 个极点的复值和最终预测误差定义。此外，通过适当过滤白噪声，可以简单地生成 AR 过程。对阶数 p 范围为 1~16 的 AR 模型进行研究。通过平均与单个滑动脉冲串有关的各个归一化傅里叶频谱，可以获得归一化周期图。整个数据序列划分为 $N_B = 2N_s/L - 1 = 511$ 个脉冲串，每个脉冲串有 $L = 512$ 个样本，相邻脉冲串重叠 50%。然后，利用 512 点 FFT 与汉明窗口计算各个功率谱，并基于局部杂波功率进行归一化处理。AR 频谱可以运用 Yule - Walker 方法处理所有距离门样本得到[31]，结果如图 5 - 13 所示。从图 5 - 13 中可以看出，AR（3）似乎可以精确描述多普勒中心频率和带宽等的基础形状特征。图 5 - 14（a）和图 5 - 14（b）为通过频谱图和 AR 方法估计得到的多普勒中心频率和带宽的时间变化曲线。AR 中心频率估计量为

$$\hat{f}_{C,\mathrm{AR}}(l) = \frac{1}{Q_{\mathrm{AR}}} \sum_{n=-N_F/2}^{(N_F/2)-1} f(n) P_{\mathrm{AR},l}(n), \quad l = 1, 2, \cdots, N_B \tag{5-28}$$

而 AR 带宽估计量为

$$\hat{B}_W^{\mathrm{AR}}(l) = \sqrt{\frac{1}{Q_{\mathrm{AR}}} \sum_{n=-N_F/2}^{N_F/2-1} [f(n) - \hat{f}_C^{\mathrm{AR}}]^2 P_{\mathrm{AR},l}(n)}, \quad l = 1, 2, \cdots, N_B \tag{5-29}$$

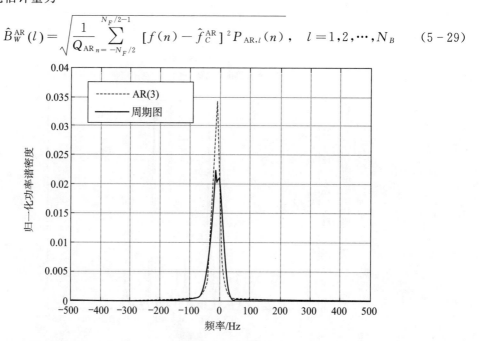

图 5 - 13　周期图和 AR（3）的归一化功率谱密度。数据集：11 月 7 日的 Starea4，距离门 3

其中 $f(n) = 1\,000n/N_F$（单位：Hz）为数字频率，$P_{AR,l}$ 为运用 Yule - Walker 方法在 $N_F = 512$ 个点上处理第 l 个数据脉冲串 512 个样本计算得到的 AR 频谱，$Q_{AR} = \sum_{n=-N_F/2}^{N_F/2-1} P_{AR,l}(n)$。AR（3）中心频率和带宽的功率谱分别如图 5 - 15（a）和图 5 - 15（b）所示，两条曲线都保留了傅里叶分析得到的谱分量。另外，如图 5 - 16（a）和图 5 - 16（b）的互协方差曲线所示，与纹理相关的延时也保留了下来。因此，分析表明，AR（3）模型确实适用于长波调制对表面张力波反向散射基本影响的建模。

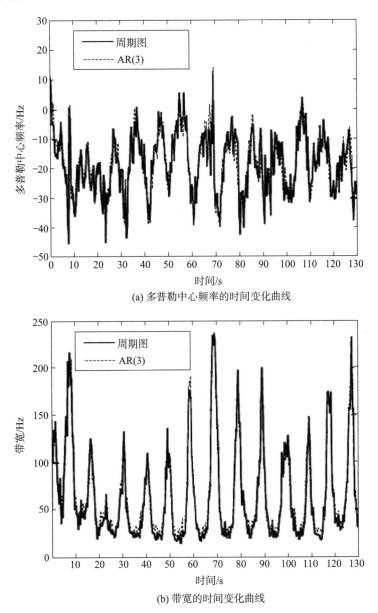

(a) 多普勒中心频率的时间变化曲线

(b) 带宽的时间变化曲线

图 5 - 14　多普勒中心频率和带宽的时间变化曲线，根据傅里叶频谱和 AR（3）估计频谱得到。

数据集：11 月 7 日的 Starea4，距离门 3，VV 极化

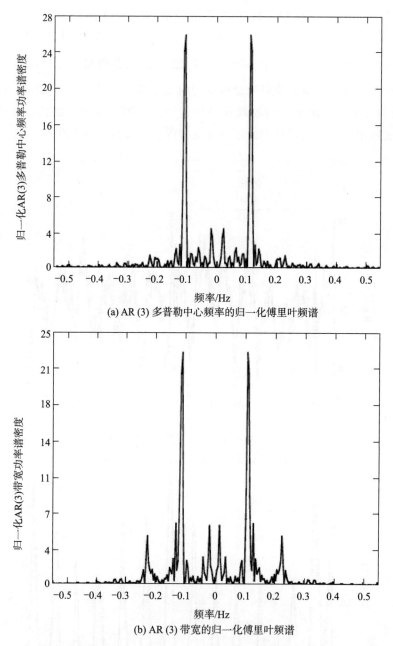

(a) AR (3) 多普勒中心频率的归一化傅里叶频谱

(b) AR (3) 带宽的归一化傅里叶频谱

图 5 - 15　AR（3）多普勒中心频率和带宽的归一化傅里叶频谱。数据集：11 月 7 日的 Starea4，距离门 3

　　接下来研究 AR 模型参数随时间的变化。图 5 - 17（a）～（c）分别为两个 AR 主导极点、最终预测误差、纹理的时间变化曲线。从图中可以看出，相关性比较明显。主导极点的单元模数几乎不变，瞬时频率随着纹理的相同周期变化。第二个极点的周期性趋势相同，在信号受到波峰强烈影响或有噪声时几乎保持不变。第三个极点主要受噪声影响，而最终预测误差遵循纹理趋势。

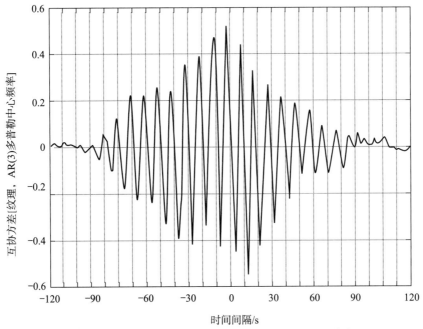

(a) 平均纹理与 AR (3)多普勒中心频率的互协方差曲线

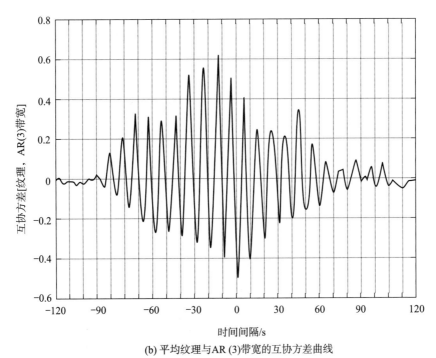

(b) 平均纹理与 AR (3)带宽的互协方差曲线

图 5-16　平均纹理与 AR（3）多普勒中心频率和平均纹理与 AR（3）带宽的互协方差曲线。
数据集：11 月 7 日的 Starea4，距离门 3

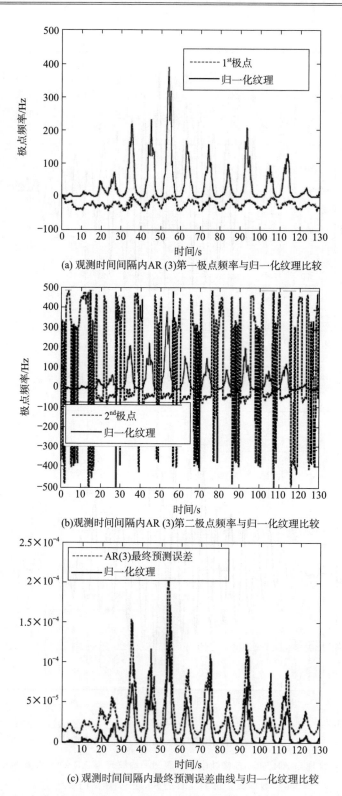

(a) 观测时间间隔内AR (3)第一极点频率与归一化纹理比较

(b)观测时间间隔内AR (3)第二极点频率与归一化纹理比较

(c) 观测时间间隔内最终预测误差曲线与归一化纹理比较

图 5-17　观测时间间隔内 AR（3）极点频率和最终预测误差曲线与归一化纹理比较。

数据集：11 月 7 日的 Starea4，距离门 3，VV 极化

5.6　纹理过程的参数分析

在分析海杂波纹理、多普勒中心频率、带宽之间的关系之后，本节详述基于文件 Starea12 的 HH 数据的纹理过程参数建模和分析。这一模型基于前述的纹理周期性行为和海杂波循环稳定性，已实现了理论化[12]和经验解释[32,16]；而且，根据第 3 章所述，是参考文献［32］的升级版。为研究所用数据的循环稳定性，运用雷达回波强度——即复包络样本的模数平方——代替复包络样本。对于复合高斯分布杂波，雷达回波强度为 $I(n) = |z(n)|^2 = \tau(n) |x(n)|^2$。

首先，简要描述一些循环统计量概念（详见参考文献［16，33，34］）。一般非稳定复过程 $z(n)$ 的时变平均值定义为 $m_{1Z}(n) \triangleq E\{x(n)\}$。如果某一过程的时变均值（几乎）是周期性的[①][33,34]，那么它为 1 阶循环稳定（CS）过程。m_{1Z} 广义傅里叶级数展开式的系数称为循环均值

$$M_{1Z}(\alpha) \triangleq \lim_{N \to \infty} \frac{1}{N} \sum_{n=0}^{N-1} m_{1Z}(n) \mathrm{e}^{-\mathrm{j}\alpha n} \qquad (5-30)$$

其中 α 为所谓的循环频率。如果 $z(n)$ 一阶稳定，那么当 $\alpha \neq 0$ 时，$M_{1Z}(\alpha) = 0$。对于非零循环，$M_{1Z}(\alpha) \neq 0$ 表示数据非稳定。对于复合高斯过程的强度，循环均值为

$$M_{1I}(\alpha) = \lim_{N \to \infty} \frac{1}{N} \sum_{n=0}^{N-1} E\{\tau(n) |x(n)|^2\} \mathrm{e}^{-\mathrm{j}\alpha n} = \lim_{N \to \infty} \frac{1}{N} \sum_{n=0}^{N-1} E_\tau\{\tau(n) E_{x|\tau}\{|x(n)|^2\}\} \mathrm{e}^{-\mathrm{j}\alpha n} \qquad (5-31)$$

假设对于所有 n，$E_{x|\tau}\{|x(n)|^2\} = 1$，那么可以把式（5-31）简化为

$$M_{1I}(\alpha) = \lim_{N \to \infty} \frac{1}{N} \sum_{n=0}^{N-1} E\{\tau(n)\} \mathrm{e}^{-\mathrm{j}\alpha n} = M_{1\tau}(\alpha) \qquad (5-32)$$

因此，只有在纹理 $\tau(n)$ 本身一阶循环稳定[②]时，$I(n)$ 才一阶循环稳定。因为无法知晓全部循环量，所以需要通过用于处理强度数据的有限样本 $\{I(n)\}_{n=0}^{N-1}$ 对它们进行估计。根据单个数据记录，运用下面的归一化快速傅里叶变换（FFT）估计 $M_{1I}(\alpha)$

$$\hat{M}_{1I}(\alpha) = \frac{1}{N} \sum_{n=0}^{N-1} I(n) \mathrm{e}^{-\mathrm{j}\alpha n} \qquad (5-33)$$

图 5-18 为强度数据 $Y(n)$ 循环均值 $\hat{M}_{1Y}(\alpha)$ 与循环频率 α 的关系曲线。通过与式（5-10）相同的方式处理第一个距离门的 $N = 16\,384$ 个样本，可以得到这一估计。可以看到，最显著的循环出现在范围 $|\alpha| < 3.125 \times 10^{-3}$（3.125 Hz）内，并且 $\alpha = 0$ 处的值为零。对于稳定过程，如果每一个 α 对应的 $\hat{M}_{1Y}(\alpha) \cong 0$，那么可以确定纹理为循环稳定过程。

---

①　循环稳定过程是统计量为时间的周期性函数的过程。这里，"几乎"指的是这些周期不一定为离散时间框架所需整数的情况。

②　在假设纹理和散斑都为独立过程的情况下，参考文献［16］得到了相同的结果。

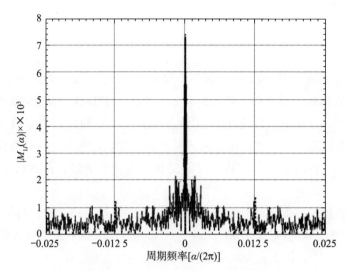

图 5 - 18　区间 $\alpha \in [-0.025, 0.025]$ 内 $Y(n)$ 的循环均值的样本估计，
基于文件 Starea12 第一距离门的海杂波数据

　　由于波的波长各不相同，可以把非负海杂波纹理建模为 K 个余弦项和一个常数项的和

$$\tau(n) = A_0 + \sum_{k=1}^{K} A_k \cos(2\pi f_k n + \theta_k) \tag{5 - 34}$$

假设如下：

1）A_k 为确定性正常数，并且 A_0 满足对于所有 n，$\tau(n) \geqslant 0$ 的条件；

2）θ_k 在 $[-\pi, \pi]$ 内为确定性常数；

3）f_k 在 $[-0.5, 0.5]$ 内为不同且非零的常数；

强度 $I(n)$ 建模为

$$I(n) = \tau(n) \cdot |x(n)|^2 = \left[A_0 + \sum_{k=1}^{K} A_k \cos(2\pi f_k n + \theta_k) \right] \cdot |x(n)|^2 \tag{5 - 35}$$

这里假设：

4）$x(n)$ 为复高斯过程（零均值和单位条件功率）。

　　这里的问题是重新从 $\{I(n)\}_{n=0}^{N-1}$ 得到 $\tau(n)$，相当于估计 $\{A_k\}_{k=0}^{K}$、$\{f_k\}_{k=0}^{K}$、$\{\theta_k\}_{k=0}^{K}$。首先，A_0 估计为 $\hat{A}_0 = \hat{M}_{1I}(0) = N^{-1} \sum_{i=0}^{N-1} I(i)$。然后，根据假设 1）～4），估计其他参数；强度数据 $Y(n) = I(n) - \hat{A}_0$ 的时变均值和循环均值分别为

$$m_{1Y}(n) = \boldsymbol{E}\{Y(n)\} = \tau(n) \boldsymbol{E}_\tau\{\boldsymbol{E}_{x|\tau}\{|x(n)|^2\}\} - N^{-1} \sum_{i=0}^{N-1} \tau(i) \boldsymbol{E}_\tau\{\boldsymbol{E}_{x|\tau}\{|x(n)|^2\}\}$$

$$\approx \tau(n) - A_0 = \sum_{k=1}^{K} A_k \cos(2\pi f_k n + \theta_k)$$

$$\tag{5 - 36}$$

和

$$m_{1Y}(n) = \lim_{n \to \infty} \frac{1}{N} \sum_{n=0}^{N-1} m_{1Y}(n) e^{-jan} = \sum_{k=1}^{K} \left[\frac{A_k}{2} e^{j\vartheta_k} \delta(\alpha - 2\pi f_k) + \frac{A_k}{2} e^{j\vartheta_k} \delta(\alpha + 2\pi f_k) \right]$$

$$(5-37)$$

其中 $\alpha \in (-\pi, \pi)$，$\delta(\cdot)$ 为克罗内克（Kronecker）δ 函数。只要对于每一个 k，$N \gg 1/f_k$，$E\{\hat{A}_0\} = N^{-1} \sum_{i=0}^{N-1} \tau(i) \approx A_0$ 就为精确近似。实际上，$\hat{A}_0$ 为渐近（$N \to \infty$）无偏，当样本有限时为有偏。方程式（5-37）表明，所关心参数可以重新通过循环均值 $\hat{M}_{1Y}(\alpha)$ 估计得到

$$\{\hat{f}_k\}_{k=1}^{K} = \frac{1}{2\pi} \underset{a_1, a_2, \cdots, a_k}{\mathrm{argmax}} \sum_{k=1}^{K} |\hat{M}_{1Y}(\alpha_k)|, \quad \{\alpha_k\}_{k=1}^{K} \in (0, \theta)$$

$$(5-38)$$

$$\hat{A}_k = 2|\hat{M}_{1Y}(2\pi \hat{f}_k)|, \quad \hat{\theta}_k = \angle \hat{M}_{1Y}(2\pi \hat{f}_k)$$

根据式（5-34），估计得到数据的循环均值

$$\hat{M}_{1Y}(\alpha) = N^{-1} \sum_{n=0}^{N-1} Y(n) e^{-jan}$$

这里采用称为 CM-RELAX 算法的松弛优化方法，找到 $\hat{M}_{1Y}(\alpha)$ 在 $(0, \pi]$ 内 K 个最高峰值的位置。RELAX 算法最重要的特点是能够把式（5-38）中的多维最大化问题分解为多个一维最大化问题。该算法的步骤见参考文献 [16]。

把 CM-RELAX 算法应用于从第一个距离门的 HH 极化海杂波数据获得的数据 $Y(n)$，对频率、振幅、相位进行估计，并把这些估计用于重新获得式（5-36）所描述的海浪纹理。为了验证该方法的优越性，将这一基于模型的纹理估计与通过式（5-20）滑窗估计器获得的纹理估计进行对比。采用不同的 N、K、L 值重新获得纹理。对于图 5-19 中的曲线，样本数 $N = 16\,384$，$K = 24$，$L = 512$。通过 CM-RELAX 算法，找到了区

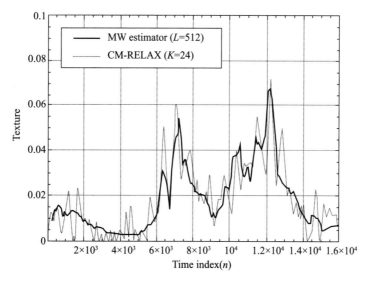

图 5-19　使用 CM-RELAX 算法 [式（5-36）] 和非参数 MW 估计器 [式（5-20）]
得到的纹理（$N = 16\,384$，$K = 24$，$L = 512$）

间 [−0.012 5，0.012 5]（−12.5 Hz，12.5 Hz）内的所有频率估计。结果表明，两类估计非常一致。注意，CM‑RELAX 对所有纹理参数估计运算一次，而 MW 估计器需要连续顺次运算 N 次，每次都要按照式（5‑20）处理 L 数据。此外，MW 估计器不允许在观测时间间隔外重构纹理，而 CM‑RELAX 允许。

5.7　小结

本章研究了由长波引起的海杂波的长期不稳定性对布拉格散射体的调制。为此，本文所报道的数值结果是在完全发展的海况、以布拉格散射为主的顺风条件下的数据。通过对 HH 和 VV 极化数据的平均功率估计和极化比的计算，验证了布拉格散射的优势。根据双尺度模型，HH 功率始终低于 VV 功率，极化比通常小于 1。受双尺度电磁模型和统计复合高斯模型的启发，我们首先对数据幅度进行了统计分析。已经发现，广义 K 模型很好地拟合了数据，这是复合高斯模型的特例。然后，我们将分析重点放在 VV 数据上。对于每个距离门，我们估计纹理值、随时间变化的频谱中心频率和带宽。此外，为了测量纹理、中心频率和带宽之间的相互关系，我们计算了纹理和中心频率之间以及纹理和带宽之间的互协方差函数。结果清楚地表明，纹理、多普勒中心频率和带宽表现出共同的周期性特性，其周期大约等于海浪长波的周期，约 10 s。根据研究，我们得出的结论是，至少当布拉格散射占主导时，长波会调制散斑的振幅，从而引起局部功率的变化。在频率上会引起频谱中心频率和带宽的周期性变化。

5.7.1　海杂波自回归建模

本章在尝试建立海杂波过程模型的同时，研究时变自回归（AR）模型的运用。通过研究发现，AR（3）模型可以兼顾复杂性和精度要求，准确描述所分析的物理现象：纹理、中心频率、带宽的周期性；海杂波的长期非稳定性。

准确来说，通过研发发现，3 阶 AR 模型在描述海杂波的长期非稳定性时，可以同时兼顾模型复杂性和模型精度要求。于是，第 4 章所论述的海杂波 AR 建模结果在本章得到了进一步的充实。

5.7.2　海杂波循环稳定性

在非参数分析纹理的特性及其与杂波频谱多普勒中心频率和带宽的关系之后，基于纹理的循环稳定性，进行纹理参数分析和建模。这里把纹理过程建立为多分量余弦信号模型，并采用 CM‑RELAX 方法重新得到各分量的振幅、频率和相位。估计表明，在长波频率附近几赫兹范围内的分量不可忽略。通过研究纹理（由 RELAX 算法估计和参数重构得到）、多普勒中心频率、带宽之间的关系，得以进一步认识海面反向散射的特性。循环稳定性这一海杂波特点，可以应用于海洋环境的雷达场景的表征。此外，这一特点还可作为判别条件区分两类输入：纯海杂波和带有目标信号的杂波。

参 考 文 献

［1］ S. HAYKIN，R. BAKKER，AND B. W. CURRIE（2002）. Uncovering nonlinear dynamics—The case study of sea clutter，*Proc. IEEE* 90（5），860 – 881.

［2］ G. R. VALENZULA（1978）. Theories for the interaction of electromagnetic waves and oceanic waves—A review，*Bound. Layer Meteorol.* 13（1 – 4），61 – 65.

［3］ W. J. PLANT AND W. C. KELLER（1990）. Evidence of Bragg scattering in microwave Doppler spectra of sea return，*J. Geophys. Res.* 95（C9），16299 – 16310.

［4］ J. W. WRIGHT（1968）. A new model for sea clutter，*IEEE Trans. Antennas Propag*. AP – 16，217 – 223.

［5］ F. G. BASS，L. M. FUKS，A. E. KALMYKOV，I. E. OSTROVSKY，AND A. D. ROSENBERG（1968）. Very high frequency radiowave scattering by a disturbed sea surface，*IEEE Trans. Antennas Propag* AP – 16，554 – 568.

［6］ W. J. PLANT AND W. C. KELLER（1983）. The Two – Scale radar wave probe and SAR imagery of the ocean，*J. Geophys. Res*.88（C14），9776 – 9784.

［7］ C. L. RINO，E. ECKERT，A. SIEGEL，T. WEBSTER，A. OCHADLICK，M. RANKIN，AND J. DAVIS（1997）. X – Band Low – Grazing – Angle Ocean Backscatter Obtained During LOGAN 1993，*IEEE J. Oceanic Eng*.22（1），18 – 26.

［8］ A. D. ROZENBERG，D. C. QUIGLEY，AND W. K. MELVILLE（1996）. Laboratory study of polarized microwave scattering by surface waves at grazing incidence：The infl uence of long – waves，*IEEE Trans. Geosci. Remote Sensing* 34（6），1331 – 1342.

［9］ D. WALKER（2000）. Experimentally motivated model for low grazing angle radar Doppler spectra of the sea surface，*IEE Proc. Radar Sonar Navig.* 147（3），114 – 120.

［10］ D. WALKER（2001）. Doppler modelling of radar sea clutter，*IEE Proc. Radar Sonar Navig*.148（2），73 – 80.

［11］ T. J. BARNARD AND D. D. WEINER（1996）. Non – Gaussian clutter modeling with generalized spherically invariant random vectors，*IEEE Trans. Signal Process*.44（10），2384 – 2390.

［12］ E. CONTE AND M. LONGO（1987）. Characterisation of radar clutter as a spherically invariant random process，*IEE Proc*.— F 134（2），191 – 197.

［13］ A. FARINA，F. GINI，M. GRECO，AND L. VERRAZZANI（1997）. High resolution sea clutter data：A statistical analysis of recorded live data，*IEE Proc*.— F 144（3），121 – 130.

［14］ F. GINI AND A. FARINA（2002）. Vector subspace detection in compound – gaussian clutter. Part I：survey and new results，*IEEE Trans. Aerosp. Electron. Syst*.38（4），1295 – 1311.

［15］ T. NOHARA AND S. HAYKIN（1991）. Canadian East Coast radar trials and the K – distribution，*IEE Proc.*—F F138（2），80 – 88.

［16］ F. GINI AND M. GRECO（2002）. Texture modelling，estimation，and validation using measured sea clutter data, *IEE Proc. Radar Sonar Navig*. 149 (3), 115 – 124.

[17]   E. CONTE, M. LOPS, AND G. RICCI (1995). Asymptotically optimum radar detection in compound – Gaussian clutter, *IEEE Trans. Aerosp. Electron. Syst*. 31, 617 – 625.

[18]   F. GINI, M. GRECO, AND L. VERRAZZANI (1995). Detection problem in mixed clutter environment as a Gaussian problem by adaptive pre – processing, *Electron. Lett*. 31 (14), 1189 – 1190.

[19]   F. GINI AND M. GRECO (1999). A suboptimum approach to adaptive coherent radar detection in compound – Gaussian clutter, *IEEE Trans. Aerosp. Electron. Syst*. 35 (3), 1095 – 1104.

[20]   K. J. SANGSTON, F. GINI, M. V. GRECO, AND A. FARINA (1999). Structures for optimum and suboptimal coherent radar detection in compound – Gaussian clutter, *IEEE Trans. Aerosp. Electron. Syst*. 35 (2), 445 – 458.

[21]   D. B. TRIZNA (1985). A model for Doppler peak spectral shift for low grazing angle sea scatter, *IEEE J. Oceanic Eng*. 10 (4), 368 – 375.

[22]   P. H. Y. LEE, J. D. BARTER, K. L. BEACH, C. L. HINDMAN, B. M. LAKE, H. RUNGALDIER, J. C. SHELTON, A. B. WILLIAMS, R. YEE, AND H. C. YUEN (1995). X – band microwave backscattering from ocean waves, *J. Geophys. Res*. 100 (C2), 2591 – 2611.

[23]   F. A. FAY, J. CLARKE, AND R. S. PETERS (1977). Weibull distribution applied to sea – clutter, *Proceedings of the IEE Conference on Radar' 77*, London, pp. 101 – 103.

[24]   E. JAKEMAN AND P. N. PUSEY (1976). A model for non – Rayleigh sea echo, *IEEE Trans. Antennas Propag*. AP – 24, 806 – 814.

[25]   K. D. WARD, C. J. BAKER, AND S. WATTS (1990). Maritime surveillance radar. Part I: Radar scattering from ocean surface, *IEE Proc*. — *F* 137 (2), 51 – 62.

[26]   D. M. DRUMHELLER AND H. LEW (2002). Homodyned – K fl uctuation model, *IEEE Trans. Aerosp. Electron. Syst*. 38 (2), 527 – 542.

[27]   H. LEW AND D. M. DRUMHELLER (2002). Estimation of non – Rayleigh clutter and fluctuating target models, *IEE Proc*., *Radar*, *Sonar Navig*. 149 (5), 231 – 241.

[28]   H. D. GRIFFI THS (2003). Knowledge – based solutions as they apply to the general radar problem, in *Proceedings of the RTO NATO Lecture Series 233 on Knowledge – Based Radar Signal and Data Processing*, Rome, Italy, 6 – 7 November, 2003.

[29]   M. GRECO, F. BORDONI, F. GINI, AND L. VERRAZZANI (2003). X – *band sea* clutter non – stationarity: The *influence of long waves*, Technical Report, University of Pisa, Pisa, Italy, July 2003.

[30]   S. HAYKIN (1991). *Advances in Spectrum Analysis and Array Processing*. Vol. I, Simon Haykin (ed.), Prentice – Hall, Englewood Cliffs, NJ.

[31]   C. W. THERRIEN (1992). *Discrete Random Signals And Statistical Signal Processing*, Prentice – Hall, Englewood Cliffs, NJ.

[32]   S. HAYKIN AND D. J. THOMSON (1998). Signal detection in a nonstationary environment reformulated as an adaptive pattern classifi cation problem, *IEEE Proc*. 86 (11), 2325 – 2344.

[33]   S. SHAMSUNDER, G. B. GIANNAKIS, AND B. FRIEDLANDER (1995). Estimating random amplitude polynomial phase signals: A cyclostationary approach, *IEEE Trans. Signal Process*. 43 (2), 492 – 505.

［34］　G. ZHOU AND G. B. GIANNAKIS （1995）. Harmonics in multiplicative and additive noise: Performance analysis of cyclic estimators，*IEEE Trans. Signal Process* . 43 （6），1445 – 1460.

［35］　A. DROSOPOULOS (1994). Description of the ohgr database，Technical note No. 94 – 14，Defence Research Establishment Ottawa，December 1994.

第 6 章　两种新的海杂波背景目标探测方法[①]

Rembrandt Bakker，Brian Currie 和 Simon Haykin

6.1　引言

在雷达搜索空间内跟踪目标是雷达监视应用的基础。搜索空间一般跨越 6 个维度：时间、频率、多普勒频移、距离、方位角和仰角。借助所有测量维度的离散采样，搜索空间被划分为一组分辨单元。在指定离散时间 t 内，所有分辨单元的测量结果组成帧。应用于目标跟踪的算法有很多种，这些算法一般包含以下 3 个主要步骤：

1）收集数据帧。

2）确定每一个分辨单元的数据帧是否包含目标。

3）利用探测结果初始化、继续或终止目标跟踪。

在这些 3 步算法当中，最著名的是最近邻（NN）算法[1]、概率数据关联（PDA）[2] 和多假设跟踪（MHT）[3]。NN（不要与第 3 章的神经网络缩写弄混淆）算法运用最接近预测状态的测量结果更新跟踪滤波器。PDA 每次测量结果都会影响跟踪滤波器，其程度取决于 PDA 预测状态是正确的可能性。MHT 在验证区域内为每个测量结果创建一条新的假设轨迹，然后利用似然比检验剔除不可能的轨迹。

这 3 种算法都采用了双阈值，第一个阈值用于第 2 步探测，第二个用于第 3 步接收或拒绝跟踪。从计算角度来看，中间探测很有吸引力，因为通常只有一部分的测量结果可用于探测。但是，从信息理论角度来看，中间探测步骤（基于硬判决）浪费了重要的信息，这是因为它把 0~1 之间的实数四舍五入为整数。参考文献 [4] 意识到了这一问题，并首先开始尝试缓解，把简单最近邻（NN）算法修改为最强邻（SN）算法。SN 算法也执行中间探测，但是保留了原始测量的振幅。它选取相当接近的相邻值，并从中挑选振幅最大的值，以增强跟踪。SN 算法得到的大增益，不禁使人产生这样一个疑问：一个避开所有

　　① 本章内容源自论文：

　　1. R. BAKKER，B. CURRIE，T. KIRIBARAJAN，AND S. HAYKIN（2002）．Adaptive radar detection：A Bayesian approach，EPSRC and IEE Workshop on Nonlinear and Non‐Gaussian Signal Processing，Peebles，Scotland，July 8‐12，2002.

　　2. R. BAKKER，G. LOPEZ‐RISUENO，AND S. HAYKIN. Bayesian approach to the direct fi ltering of radar targets in clutter（Internal Report），Adaptive Systems Laboratory，McMaster University，August 2002.

　　3. B. CURRIE AND S. HAYKIN（2004）（DRDC Report），Bayesian Detector Evaluation and Comparison，Final Report prepared for Defence Research and Development，Ottawa，under contract No. W7714‐020683/001/SV，pp. 1‐58，April 2004. Permission of the DRDC to reproduce results from this report is deeply appreciated.

中间探测，直接在测量空间处理的算法在计算上可不可行？

在下文中，把这样一种算法称为直接跟踪算法。

直接跟踪算法自身包含三个步骤：

1）在一段时间内，从指定搜索区域收集雷达回波。

2）对于每一个分辨单元，递归计算它包含目标的概率。

3）根据目标概率分布随时间的变化，探测目标轨迹。

如果只考虑前两个步骤，那么该算法称为直接滤波算法。

Bruno 和 Moura 提出了用于处理直接跟踪问题的贝叶斯方法[5]。他们的算法在 R 个分辨单元的搜索空间内跟踪具有已知签名的 M 个可能目标。该算法首先对 2^M 个不同的目标组合逐个进行概率计算。每个目标的形心可能在 R 个分辨单元的任何一个内，也可能不在。两人宣称，通过采用中间探测和卡尔曼滤波的跟踪器，其性能获得了巨大的提升，达 11 dB。对于单个目标，预测步骤的计算复杂度为 $O(R^2)$；如果目标迁移只限在相邻分辨单元，那么计算复杂度降为 $O(R)$。

根据参考文献 [7，8]，本章的第一部分对一个不同的贝叶斯直接滤波算法进行说明。该算法采用了贝叶斯法则，可以用作平滑滤波器。在平滑滤波模式下，滤波器输出取决于过去和未来的测量值。这里把该算法应用于大量收集的海杂波数据，即达特茅斯数据库和 IPIX 雷达所收集的数据。结果非常鼓舞人心，甚至是对于平均目标-杂波比低于 0 dB 的数据集，滤波器也能显示目标。在单个目标情形下，滤波器可以实时运算。多维搜索空间的处理也简单明了。

本章的第二部分对另一个基于随机微分方程（SDE）理论的探测算法进行说明。该算法称为相关异常算法，是由 Field 提出的[9,10]。该算法的合理性基于预测建模，其中 SDE 理论用于预测海杂波的变化。它认为任何异常背离预测模型的实际接收信号偏差都可能由目标引起。

本章最后运用真实雷达数据，对比评估这两种新的探测方法。

6.2　贝叶斯直接滤波程序

在已知当前和过去的测量数据的情况下，贝叶斯直接滤波程序的任务是计算每个测试分辨单元包含目标的概率。本节重点说明单目标情形。

6.2.1　单目标情形

假设将多维测量空间与分辨单元线性数组进行挂钩。贝叶斯滤波器的输出为向量，其元素包含概率 $P\{\in_t^r | z_t, \mathbf{Z}_t^{\text{past}}\}$，$\in_t^r$ 为目标在时间 t 处于分辨单元 r 的事件，z_t 为当前帧，$\mathbf{Z}_t^{\text{past}}$ 为之前所有帧的集合。特例 $\in_t^0$ 表示无目标事件。应用贝叶斯准则得到后验概率

$$P\{\in_t^r | z_t, \mathbf{Z}_t^{\text{past}}\} = \frac{p(z_t, \mathbf{Z}_t^{\text{past}} | \in_t^r) P(\in_t^r)}{p(z_t, \mathbf{Z}_t^{\text{past}})} \tag{6-1}$$

已知事件 $\in_t^r$，在分子中，$p(z_t, \mathbf{Z}_t^{\text{past}} \mid \in_t^r)$ 为联合数据对 $(z_t, \mathbf{Z}_t^{\text{past}})$ 的条件概率密度函数（PDF），$P(\in_t^r)$ 为事件 $\in_t^r$ 的先验概率。在分母中，$p(z_t, \mathbf{Z}_t^{\text{past}})$ 为联合数据对 $(z_t, \mathbf{Z}_t^{\text{past}})$ 的概率密度函数。分母由下式定义

$$p(z_t, \mathbf{Z}_t^{\text{past}}) = \sum_r p(z_t, \mathbf{Z}_t^{\text{past}} \mid \in_t^r) P\{\in_t^r\} \qquad (6-2)$$

作为归一化因子使用。

假设过去和当前的测量只取决于目标存在与否，那么可以把式（6-1）展开为

$$P\{\in_t^r \mid z_t, \mathbf{Z}_t^{\text{past}}\} = \frac{p(z_t \mid \in_t^r) p(\mathbf{Z}_t^{\text{past}} \mid \in_t^r) P(\in_t^r)}{p(z_t, \mathbf{Z}_t^{\text{past}})} \qquad (6-3)$$

对于式（6-3）分子的新项 $p(z_t \mid \in_t^r)$，需要建立可以详细说明纯杂波和杂波加目标情形下测量统计行为的模型。这些模型见 6.3.2 节和 6.3.3 节，专门用于探测海杂波背景下的小漂浮物。如果相同变量有几个测量值可用，那么 $p(z_t \mid \in_t^r)$ 项就可以相应的方式展开。例如，如果有两个测量值 $z_t^{(1)}$ 和 $z_t^{(2)}$ 可用，那么 $p(z_t \mid \in_t^r)$ 项展开变为 $p(z_t^{(1)}, z_t^{(2)} \mid \in_t^r)$。如果这两个测量值只取决于隐状态 $\in_t^r$，并且相互独立，那么可以简化为 $p(z_t^{(1)} \mid \in_t^r) p(z_t^{(2)} \mid \in_t^r)$。

式（6-3）分子中的条件概率密度函数 $p(\mathbf{Z}_t^{\text{past}} \mid \in_t^r)$ 运用递归公式计算

$$p(\mathbf{Z}_t^{\text{past}} \mid \in_t^r) = \sum_{q=0}^R p(\mathbf{Z}_t^{\text{past}} \mid \in_{t-1}^q, \in_t^r) P\{\in_{t-1}^q \mid \in_t^r\} \qquad (6-4a)$$

$$= \sum_{q=0}^R p(z_{t-1}, \mathbf{Z}_t^{\text{past}} \mid \in_{t-1}^q) P\{\in_{t-1}^q \mid \in_t^r\} \qquad (6-4b)$$

$$= \sum_{q=0}^R p(z_{t-1} \mid \in_{t-1}^q) p(\mathbf{Z}_{t-1}^{\text{past}} \mid \in_{t-1}^q) P\{\in_{t-1}^q \mid \in_t^r\} \qquad (6-4c)$$

方程式（6-4a）引入的转移矩阵 $P\{\in_{t-1}^q \mid \in_t^r\}$ 包含事件 q 在事件 r 之前发生的概率。这些概率一般要求目标模型包含目标机动性信息：目标的机动性越差，它在分辨空间的跳跃越小，转移矩阵也就越稀疏。具体参见 6.3.4 节示例。

6.2.2　以过去和未来的测量为条件

滤波方程式（6-3）和式（6-4）与通常的顺序状态估计的预测或修正方程不同。特别是，把贝叶斯准则应用于方程式（6-3）左侧的概率 $P\{\in_t^r \mid z_t, \mathbf{Z}_t^{\text{past}}\}$，可以得到

$$P\{\in_t^r \mid z_t, \mathbf{Z}_t^{\text{past}}\} = \frac{p(z_t \mid \in_t^r, \mathbf{Z}_t^{\text{past}}) P\{\in_t^r \mid \mathbf{Z}_t^{\text{past}}\}}{p(z_t \mid \mathbf{Z}_t^{\text{past}})} \qquad (6-5a)$$

$$= \frac{p(z_t \mid \in_t^r) P\{\in_t^r \mid \mathbf{Z}_t^{\text{past}}\}}{p(z_t \mid \mathbf{Z}_t^{\text{past}})} \qquad (6-5b)$$

在这个新的表达式中，首先注意，进行预测是为了获得 $P\{\in_t^r \mid \mathbf{Z}_t^{\text{past}}\}$。然后，利用当前测量修正该预测，获得滤波输出 $P\{\in_t^r \mid z_t, \mathbf{Z}_t^{\text{past}}\}$。预测后验概率可以采用参考文献 [5] 描述的递归方程得到，该递归方程采用了与式（6-4a）一样的转移矩阵。选择这一交互滤波方法的原因是，更容易扩展到同时基于过去和未来测量进行滤波的情况。于是，这一滤波器可以称为平滑滤波器。在平滑滤波模式下，式（6-3）变为

$$P\{\in_t^r | z_t, \mathbf{Z}_t^{\text{past}}, \mathbf{Z}_t^{\text{future}}\} = \frac{p(z_t | \in_t^r) p(\mathbf{Z}_t^{\text{past}} | \in_t^r) p(\mathbf{Z}_t^{\text{future}} | \in_t^r) P\{\in_t^r\}}{p(z_t, \mathbf{Z}_t^{\text{past}}, \mathbf{Z}_t^{\text{future}})} \qquad (6-6)$$

式（6-6）分子中的额外因子 $p(\mathbf{Z}_t^{\text{future}} | \in_t^r)$ 可以通过反向运行递归方程式（6-4c）来计算。

6.3　运算细节

6.3.1　试验数据

本章所使用的大量试验数据来自位于加拿大东海岸新斯舍科省达特茅斯市的 IPIX 雷达。对于所用数据库的子集，雷达以驻留模式工作，笔形波束 1°，固定射频为 9.39 GHz。IPIX 雷达安放在海拔 30 m 的崖顶上。观测目标为一个系在锚索上并在海面漂浮的聚苯乙烯泡沫塑料球；该球直径为 1 m，包裹着雷达反射材料，离岸 2.5 km 远。采样间距为 15 m，但实际距离分辨率为 30 m，通过 200 ns 矩形脉冲实现。实际脉冲重复频率（PRF）为 2 000 Hz，但脉冲在水平（H）和垂直（V）极化间交替变化，导致有效（和记录）PRF 为 1 000 Hz。对于每一个脉冲，H 和 V 极化同时记录，结果形成 4 种可能的收发极化组合：HH、HV、VH、VV。对于每种组合，雷达回波的振幅和相位存储为同相（I）和正交（Q）分量。

6.3.2　海杂波统计

本章将贝叶斯直接滤波器应用于达特茅斯数据库的浮球，具体见时间多普勒图。图 6-3（a）、图 6-4（a）、图 6-5（a）为典型示例。注意，多普勒频率和多普勒速度线性相关。在任何时刻，浮球速度都不变，在图中表现为尖锐谱线。由于波浪的作用，目标朝雷达来回移动。因为被锚定，浮球的平均多普勒速度为零。基本海杂波的速度分布更宽，而平均多普勒速度由相对于雷达波束的风向确定。

在多普勒频谱中，区分目标与杂波的方法有两种：1）基于信号强度差异；2）基于信号形状差异。因为在本章的研究案例中，目标信号强度与杂波信号强度相差不大，所以基于信号强度的探测方法只有在已知杂波功率频谱统计量时才可用。可惜的是，多普勒频谱每个区间内功率的统计分布都非常难以估计。虽然在 1 000 ms 内的短时间内，利用低阶复 AR 过程就足以实现建模[6]，但是，在长时间内，该过程变为非稳定过程，而且受到海况的高度影响。因此，这里对于弱目标情形，最好是基于信号形状进行探测。如图 6-1（a）所示，海杂波通常具有平滑频谱，而小目标表现为线分量。为突出显示线分量，通过各谱值除以其最近邻值 b 的平均值，对功率谱进行变换，以突出线分量的窄峰和抑制杂波的宽峰 ［图 6-1（b）］。这里把该变换称为"峰值滤波器"。这是从普里斯特利（Priestley）提出的分组周期图检验[11]中获得的灵感。根据下列 3 个假设条件，可以获得峰值滤波器输出的统计：

1）没有一个邻值 b 包含目标。

2）在长度为 $b+1$ 的窗口内，杂波为白色。

3）所有 $b+1$ 个功率谱坐标都是独立采样。

如果这 3 个条件都满足，那么每一个归一化功率谱系数表现为 2 自由度 χ^2 分布[11]。峰值滤波器用其他 b 值除一个系数，表现为 $(2, 2b)$ 自由度 F 分布。图 6-2 为 $b=6$ 的 $F_{2, 2b}$ 分布。

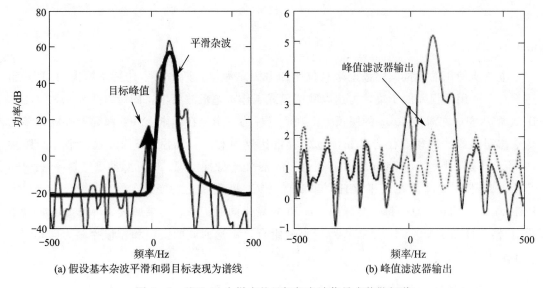

(a) 假设基本杂波平滑和弱目标表现为谱线　　　　(b) 峰值滤波器输出

图 6-1　基于 64 个样本的目标加杂波信号多普勒频谱

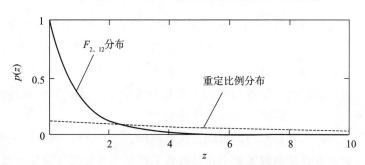

图 6-2　(2，12) 自由度 F 分布，以及重新调整后的分布

实际上，假设 1）～3）并不总是可以满足。第一，如果任一邻值 b 包含目标，峰值滤波器输出将变小。因此，当目标数少于 b 个多普勒距离门，峰值滤波器将难以探测到多个目标。第二，杂波功率会随频率突变，并且为了保证它为局部白色，功率谱必须密集采样。通过研究发现，当 $b=6$ 时，对于 VV 和 HH 极化杂波，至少分别需要从 64 和 128 个观测值中获得功率谱。第三，当采用数据锥而不是矩形窗口时，独立采样条件［即条件 3）］不能满足。然而，可以使用汉明（Hamming）窗口减小频谱估计的偏差。

最后注意，峰值滤波器比较了与多普勒频谱中近邻值有关的功率谱系数。①

_____

① 未来有两种改进方法：1）开发用于原始杂波频谱的统计模型；2）跨范围比较功率谱系数。

6.3.3　目标回波统计

对于未知目标，通常难以简单明了地建立目标统计模型，最好的做法是建立最小可观察目标的模型。如果选取太弱的目标，贝叶斯滤波器会很容易混淆目标和杂波；如果选取太强的目标，滤波器就只会检测出强目标。于是，还需要确定目标截面是否不变或是否随机。鉴于小的漂浮物通常躲藏在海浪后面，选择随机截面。由于缺乏目标的详细信息，为了方便起见，采用与海杂波相同的分布，但是，需重新调整它，以反映杂波与目标之间雷达截面的差异。特别地，如果杂波分布为 $F_{2,2b}(z)$，那么目标分布为 $\frac{1}{\gamma} F_{2,2b}\left(\frac{z}{b}\right)$，其中 γ 为目标杂波功率比。在图 6-2 中，重新调整后 F 分布的 $\gamma = 2\ \mathrm{dB}$。在这里的试验中，取 $\gamma = 1\ \mathrm{dB}$。

6.3.4　目标运动模型

转移矩阵 $P\{\in_{t=1}^{q} | \in_{t}^{r}\}$ 的元素由两方面确定：1）目标机动性模型；2）关于目标存在和持续时间的先验信息。根据高斯分布随机加速度和标准差 $\sigma = 2\ \mathrm{m/s}$，建立目标模型。加入先验信息的方式为：当对随机海域进行观察时，有时会看到杂波，有时会看到目标。假设杂波和目标的可见持续时间都为指数分布，均具有各自的中位生存时间。对于杂波和目标，中位生存时间都取为 100 s。这样，目标可见的先验概率为 0.5。此时，可以通过分辨单元 q 和 r 之间的多普勒速度差 Δv，得到转移概率 $P\{\in_{t=1}^{q} | \in_{t}^{r}\}$。重新调整速度差 Δv，使它的单位为 $\mathrm{m/s^2}$，应用随机加速度分布。然后，针对目标消失概率和新目标出现概率，修正结果。

6.4　贝叶斯直接滤波器试验结果

这里从达特茅斯数据库中选取 3 个数据集检验贝叶斯直接滤波器，以验证它的试验能力。对于每个数据集，目标杂波比（TCR）的估计公式为

$$\mathrm{TCR} = \frac{P_{\mathrm{total}} - P_{\mathrm{clutter}}}{P_{\mathrm{clutter}}}$$

杂波功率 P_{clutter} 通过平均只含杂波的距离门的信号功率得到。这 3 个数据集为：

1）文件\#30,19931109191449starea.cdf，距离门 6，风向与雷达波束垂直，TCR＝ $-3\ \mathrm{dB}$。

2）文件\#280,1993118023604stareaC0000，距离门 7，雷达迎风，TCR＝$-7\ \mathrm{dB}$。

3）文件\#311,1993118162658stareaC0000.cdf，雷达背风，TCR＝$-3\ \mathrm{dB}$。

最初，只采用 VV 极化。基于 64 个样本的滑窗，估计多普勒频谱。算法分为 3 个模式：1）单帧模式，只采用当前帧计算概率 $P\{\in_{t}^{r} | z_{t}\}$；2）前向滤波模式，运用反馈计算 $P\{\in_{t}^{r} | z_{t}, \mathbf{Z}_{t}^{\mathrm{past}}\}$ 的实际贝叶斯直接滤波器；3）前向/后向滤波模式，以过去和未来测量（即 $P\{\in_{t}^{r} | z_{t}, \mathbf{Z}_{t}^{\mathrm{past}}, \mathbf{Z}_{t}^{\mathrm{future}}\}$）为条件的贝叶斯直接平滑滤波器。在不利用目

标运动模型任何数据的情况下，这只能证明峰值滤波器的性能。图 6-3（a）、图 6-4（a）、图 6-5（a）为 3 个数据集的原始时间多普勒频谱，图 6-3（b）、图 6-4（b）、图 6-5（b）为贝叶斯直接平滑滤波器的输出。从图中可以看出，贝叶斯直接平滑滤波器确实明显突出了目标。每当滤波器没有探测到目标时，从时间多普勒图中人眼是看不见目标的。

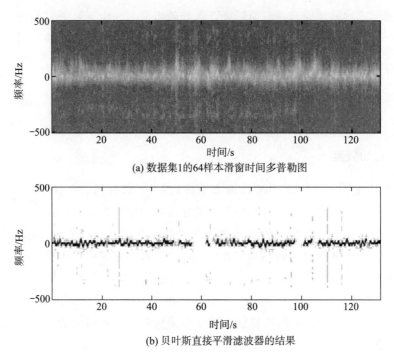

(a) 数据集1的64样本滑窗时间多普勒图

(b) 贝叶斯直接平滑滤波器的结果

图 6-3　每个像素都表示相应分辨单元的目标概率。像素越黑，目标探测概率越大。
图中最高的水平线表示无目标的概率

　　通过关注 TCR 最低的数据集 2，进一步研究滤波器性能。图 6-6（a）和图 6-4（b）分别显示了贝叶斯直接滤波器以单帧和前向滤波模式工作的性能。果然，单帧和多帧模式之间存在较大差异。

　　接下来，在无目标的情况下，对算法进行检验。关于相同数据文件的距离门 4，图 6-7 显示了与图 6-4 等效的内容。已知该距离门不包含目标，只有在时间 $t = 96$ s 时，滤波器产生了很小的目标概率值。

　　如 6.2.1 节所述，贝叶斯直接滤波器可以很容易地通过加入多个测量值得到增强。图 6-8 显示了滤波器设计加入 HH 测量值的效果。从图中可以看出，较大部分时间都出现了目标，但是 45 s 和 75 s 左右也出现了虚假轨迹。这是因为 HH 极化的功率谱比 VV 极化的窄，违反了 6.3.2 节的 F 分布假设。

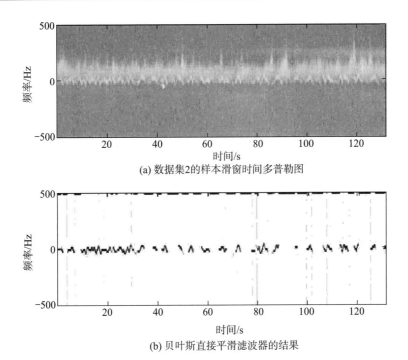

(a) 数据集2的样本滑窗时间多普勒图

(b) 贝叶斯直接平滑滤波器的结果

图 6 - 4　每个像素都表示相应分辨单元的目标概率。像素越黑，目标探测概率越大。

图中最高的水平线表示无目标的概率

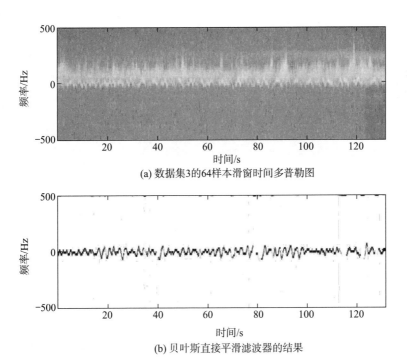

(a) 数据集3的64样本滑窗时间多普勒图

(b) 贝叶斯直接平滑滤波器的结果

图 6 - 5　每个像素都表示相应分辨单元的目标概率。像素越黑，目标探测概率越大。

图中最高的水平线表示无目标的概率

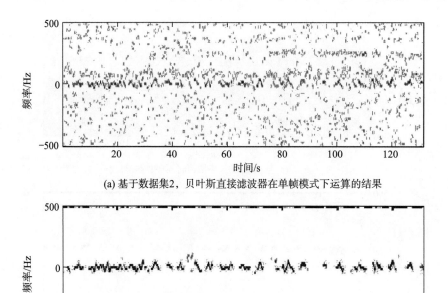

(a) 基于数据集2，贝叶斯直接滤波器在单帧模式下运算的结果

(b) 贝叶斯直接滤波器在前向滤波模式下运算的结果

图 6－6　对比图 6－4（一）

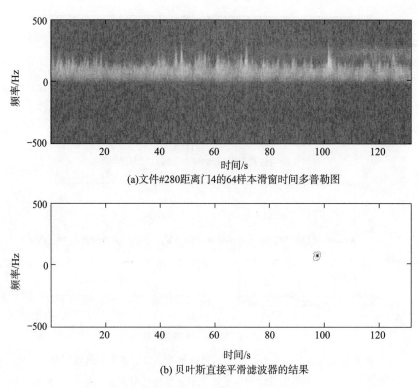

(a)文件#280距离门4的64样本滑窗时间多普勒图

(b) 贝叶斯直接平滑滤波器的结果

图 6－7　对比图 6－4（二）

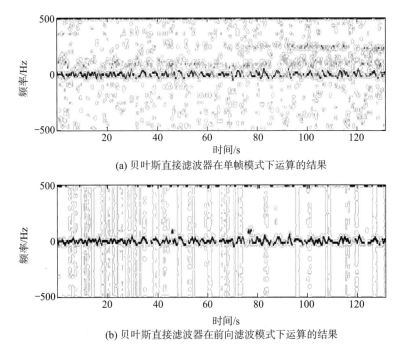

(a) 贝叶斯直接滤波器在单帧模式下运算的结果

(b) 贝叶斯直接滤波器在前向滤波模式下运算的结果

图 6-8 基于数据集 2，除了 VV 外，还包含 HH 通道的效果（对比图 6-6）

为了检验贝叶斯直接滤波器的性能，需要把滤波器输出转换为目标轨迹，并与真实目标轨迹相比较。在文件♯280 中，目标虽然出现在距离门 7，但是实际上它在 TCR 为 0 dB 的距离门 8 上更强。目标出现在多个距离门的原因是距离过采样和多径效应。基于目测，距离门 8 上信号的强度足以推算出几乎无误差的目标轨迹。于是，可以根据这一事实，确定目标的真实轨迹。为了把滤波器输出转换为目标轨迹，概率阈值设为 0.5。这基本上与 Bruno 和 Moura[5] 在单目标情形下所做的一样：当有目标的可能性大于无目标的可能性时，就可以断言探测到目标。

6.5 关于贝叶斯直接滤波器的其他注意事项

在关于无中间探测的目标跟踪的可行性初步研究中，重点是生成可目视比较的图形。人类操作员在跟踪目标方面比不上贝叶斯直接滤波器，特别是在平滑滤波模式下。贝叶斯直接滤波器可以很容易地扩展为更高维度的问题，而人眼不能。但是，人类操作员却是全自适应系统。

当前，直接滤波器的实现取决于下面几个运算细节：

1）杂波统计 对于多普勒频谱统计建模这个开放式问题，峰值滤波器是一个很有用的工具。但是，如果杂波频谱变窄，或者每帧可用样本数变少，6.3.2 节所述的假设条件就有可能难以满足。

2）目标统计 在 6.3.2 节中假设，除了反映平均起来目标回波比杂波强的比例因子外，目标信号强度 PDF 等于杂波 PDF。这一假设几乎普遍适用于所有类型的目标。在试验中，通过在预期的 TCR 中选择密度更大的 PDF，调整目标 PDF，以大幅度增强探测性能，但是，因为不想对任一特定数据集都进行滤波器微调，所以没有继续深入研究。

3）目标机动性　滤波器输出对确定目标机动性的参数 σ 比较敏感。当 σ 较小时，只有在目标不加速的情况下，才能看到它。当 σ 较大时，算法可能很容易混淆小杂波峰值序列与目标。

4）先验概率　如果设某一多普勒距离门内有目标的先验概率为 p_0，那么任何证明目标存在的证据都会使后验概率大于 p_0。更有意思的是目标和杂波中位生存时间的设定。中位生存时间越短，滤波器分辨目标越快，但是，存在以不充分证据分辨出目标的内在风险。

6.6　相关异常探测方法

在首次提出贝叶斯直接滤波器[7]的 Peebles 会议上，Field[9]也提出了一个随机散射体（表示海杂波）电磁反向散射模型。该反向散射模型运用随机微分方程（SDE）对散射截面、散射密度和相位进行公式化。此后，Field 在参考文献［10］中详细描述了这一基于 SDE 的模型，以及"相关异常接收机"的新雷达接收机概念。这一新的接收机首次应用 SDE 理论预测纯海杂波行为，是一种预测建模接收机；根据其概念，任何背离预测的异常偏差都表示可能存在目标。

基于贝叶斯直接滤波器和相关异常接收机概念，构建两种新的雷达接收机，并在 6.7 节中进行性能比较。下面先对相关异常接收机进行简要描述。

在参考文献［10］中，Field 和 Tough 运用 SDE 理论论证了，散射体的振幅波动可以采用 K 分布（见第 4 章和第 5 章）进行良好建模，并推导出振幅过程的平方波动率基本方程

$$|d\psi_t|^2 = \left(Bx_t + \frac{Az_t}{2x_t}\right)dt \tag{6-7}$$

式中，ψ_t 为复观测信号（即参考文献［10］的振幅过程）；x_t 为 t 时刻的截面；z_t 为 t 时刻的密度；A 和 B 是以频率为单位测量的常数；常数 A 对应截面 x_t 内的变化时帧；常数 B 对应瑞利分布波动的时间尺度；通常，$A \ll B$。

在参考文献［10］中，Field 和 Tough 建议，在较短时间内，基于信号只表现为瑞利散射，截面 x_t 可以认为是一个常数。因此，方程式（6-7）右边项除了 z_t 外都是常数，于是，对于真实 K 分布过程，方程左边和右边线性相关。定义相关函数方程

$$c(X,Y) = \frac{E(X-E[X])(Y-E[Y])}{(Var[X] \cdot Var[Y])^{1/2}} \tag{6-8}$$

Field 和 Tough 对新参数进行估计

$$c_\psi = (|d\psi_t|^2, z_t) \tag{6-9}$$

其区间为 ［-1，1］。于是，通过观察参数 c_ψ 的值，提出相关异常接收机概念。当 c_ψ 小于

指定阈值时，接收的雷达数据中存在异常，表示存在目标[10]。

6.7　贝叶斯直接滤波器和相关异常接收机的试验比较

这两种接收机的试验比较采用了参考文献［12］中的两个真实相干雷达数据集，即 McMaster IPIX 雷达数据；QinetiQ 雷达数据。

IPIX 雷达数据收集于新斯科舍省达特茅斯市附近奥斯本角靶场（OHGR）的沿海站点，用于得到 6.4 节所述的贝叶斯直接滤波器试验结果。QinetiQ 雷达数据收集于英国的一个沿海站点，用于获得参考文献［10］所述的试验结果。

6.7.1　目标干扰比

为了有针对性地比较不同接收机结构，可以利用相对于其他所有干扰信号背景的目标信号功率进行目标探测性能的参数化。这里的干扰信号包括杂波和前端接收机噪声。该参数称为目标干扰比（TIR），测量单位为 dB。

根据真实数据检验，目标和杂波的瞬时功率都变化明显（例如，在一个多普勒频谱时间内）。因此，确定单个具有代表性的 TIR 变得十分困难。

从试验角度看，创造"合成"目标信号的优点是：包括功率在内，它的所有特性都已知，具备试验可控性。在参考文献［12］所述的合成目标注入中，由于 TIR 是计算相应贝叶斯概率的参数，它可以在全多普勒频谱的基础上根据目标和杂波/噪声数据估算得到，因此，为方便描述起见，合成目标信号的振幅保持不变，杂波功率自然变化，使 TIR 值处于指定数据文件的范围内。为了反映目标逐渐出现和消失的效果，长期对目标振幅进行调制；示例稍后描述。

图 6 - 9 为典型的目标加干扰信号的时间多普勒图，也是通过 VV 极化把合成目标注入 IPIX 杂波数据的示例。

6.7.2　接收机比较

本节基于相同的数据库，对两种接收机的探测概率 P_d 和虚警概率 P_{fa} 进行比较。

可惜的是，由于两种接收机在本质和数据要求上存在不同，不可能实现完全相同条件下的比较。例如，根据在 IPIX 数据上使用贝叶斯接收机的经验，帧大小应为 64 或 128，来回滑窗大小为 33，以便进行目标探测。这也意味着需要使用 64×33＝211 2 或 128×33＝422 4 个数据样本。贝叶斯接收机至少需要这么多的样本，才能获得良好的探测结果。与之相反，相关异常接收机每次处理 1 000 个样本，其基本原理是：K 分布信号在较短时间内呈瑞利分布。当数据点超过 1 000 个（时限超过 1 s，PRF 为 1 000 Hz）时，该假设条件有效性降低，相关异常接收机的性能也随之降低。因此，虽然运用相同的数据集比较两种接收机的性能，但是每种接收机所使用的样本数量互不相同。

首先，利用 QinetiQ HH 极化数据（见图 6 - 10）进行比较。相关异常接收机的结果如图 6 - 11 所示。与前述 IPIX 数据处理方法类似，贝叶斯接收机在扫描范围内相继出现

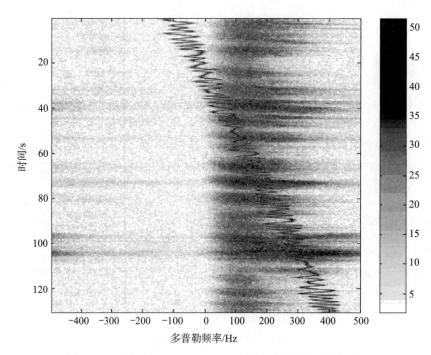

图 6-9　合成目标注入真实 IPIX 杂波数据示例（VV 极化）

的距离门上进行运算。如果某个多普勒距离门"目标存在"的概率大于"无目标"概率，那么可以宣称发现目标。贝叶斯接收机处理 QinetiQ HH 极化数据的结果如图 6-12 所示，帧大小为 64，来回滑窗大小为 33，目标惯性参数（Tsigma）为 3.0。这样虽然目标明显可见，但是存在非常多的虚警。如图 6-13 所示，把帧大小提高到 128，不仅能保持目标响应，还能移除几乎所有的虚警。

　　为了进行更为定量的对比，运用与之前检测贝叶斯接收机相同的 IPIX 杂波来测试相关异常接收机。相关异常接收机的探测判定标准为相关值 c_ψ，如果它小于指定阈值，就可以宣称出现异常（即目标）。首先，估计纯干扰数据的相关值累积分布函数（见图 6-14），并用于选择探测阈值。然后，相关异常接收机一个接一个距离门对模拟目标加杂波进行探测。在每段距离，运用 1 000 个样本的时窗估计 c_ψ 的单值，然后，时间上前移 50 个样本开启下一个窗口。这样，基于每个距离门的 131 s 数据，产生约 2 600 个 c_ψ 估计。当相关值低于探测阈值时，宣称探测到目标。如图 6-15 所示，得到一个形式上类似于贝叶斯接收机的 2 维 P_d 图。该图显示了非常罕见的行为。只有在平均目标多普勒频率远小于平均杂波频率时，才出现与 TIR 无关的可靠探测。图 6-16 为关于单个距离门内杂波加合成目标时间历程的相关值与时间关系曲线。该相关曲线表明，在 131 s 的时间历程内，只有大约前 25% 时间，才存在目标影响。根据图 6-9，当目标多普勒频率为负时，目标可探测，而杂波多普勒频率总是为正。至今仍未发现这一行为的原因所在。

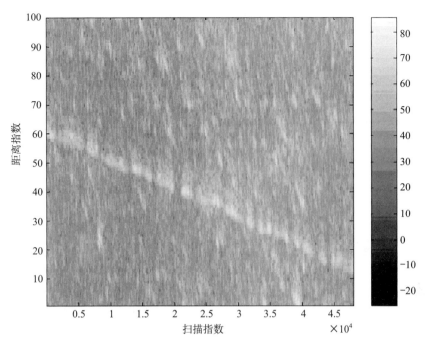

图 6-10　QinetiQ HH"可乐罐"数据的条带强度（任意分贝标度），100 段距离 4 800 次扫描，PRF 为 1 000 Hz。数据文件持续时间 48 s，从指数 61（近似）到指数 13（近似）的范围内，目标（可乐罐）明显可见。根据完整数据文件，该数据起始于距离 751

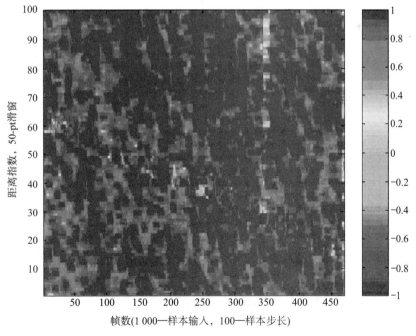

图 6-11　基于图 6-10 所示 HH 数据的相关异常接收机 1 次相关图。在某些时刻，目标影响微弱可见。帧数 350 和 470 附近有两处垂直异常，是由数据故障引起的（即错误的扫描）

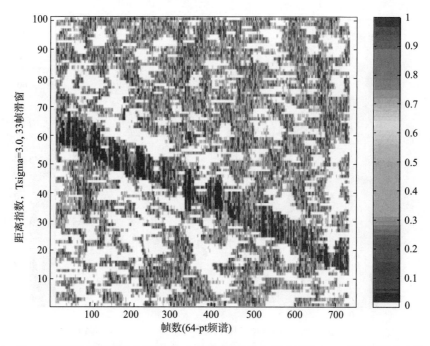

图 6-12　运用贝叶斯接收机处理图 6-10 数据的结果，帧大小为 64，来回滑窗大小为 33，
目标惯性参数为 3.0。目标响应清晰可见，但是存在大量虚警

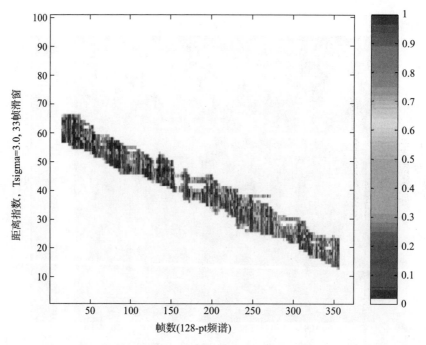

图 6-13　运用贝叶斯接收机处理图 6-10 数据的结果，帧大小为 128，来回滑窗大小为 33，
目标惯性参数为 3.0。目标响应清晰可见，而且几乎不存在虚警。目标在距离上曲折延伸
是由脉冲压缩旁瓣和/或数字采样效果造成的

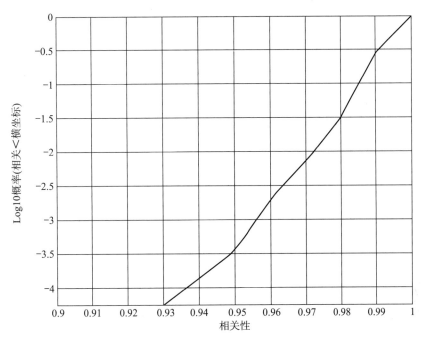

图 6 - 14　对于相关异常接收机，在纯干扰条件下，相关性小于某一值的概率。对于已知的相关阈值，可以进行 P_{fa} 估计。例如，利用目标探测阈值 0.95 可以得到 P_{fa} 大约为 $10^{-3.5} = 3 \times 10^{-4}$

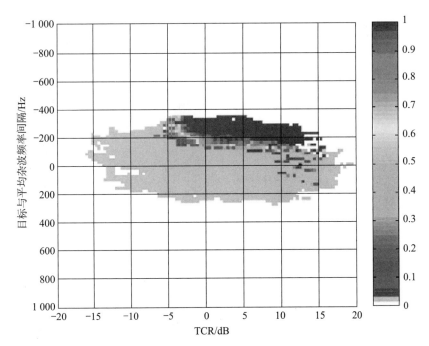

图 6 - 15　相关异常接收机对 HH IPIX 数据内模拟目标的探测概率。灰色表示探测机会至少为一次，但 P_d 为零。当相关值低于探测阈值 0.95 时，可宣称探测到目标。注意，只有在目标平均频率至少小于平均杂波频率 200 Hz 时，相关异常接收机才进行探测

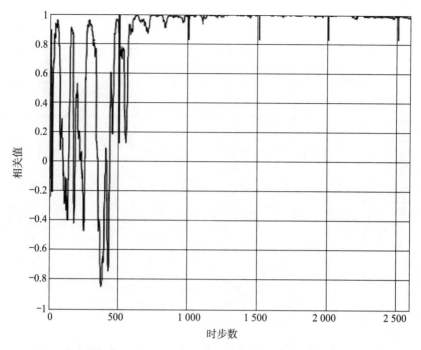

图 6-16 在单个距离门的时间历程内，相关异常接收机的相关值与时间的关系曲线，HH 极化

为了验证该结果并非特殊目标所有，把目标的平移频率行为变为图 6-17 所示的行为。图 6-18 为相应的相关行为。看起来，似乎相关异常接收机只有在目标和杂波频率含量各居一半多普勒频谱（负的一半和正的一半）时，才会响应目标存在。

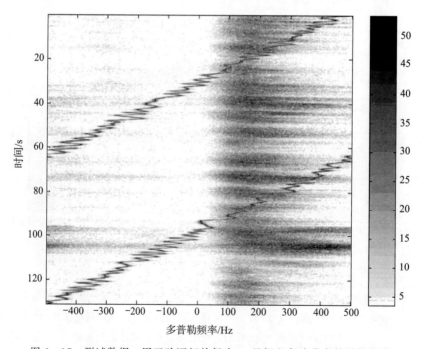

图 6-17 测试数据，用于验证相关行为 vs 目标和杂波分离的平均频率

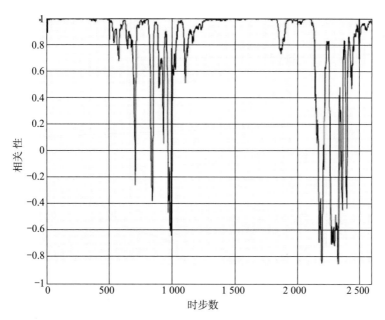

图 6 - 18　异常接收机关于图 6 - 17 数据的相关性。目标似乎只有在多普勒频谱中
目标和杂波频率各占一半时，其相关性才会减小

　　采用另一份杂波频率为负的 IPIX 文件进一步验证上述行为。图 6 - 19 为新杂波条件下的模拟目标图。图 6 - 20 为纯干扰相关累积分布函数。该文件的响应分布更宽，要求阈值为 0.4，以获得 10^{-3} 的 P_{fa}。图 6 - 21 显示最终 P_d 性能。此时，目标只有在其频率大于平均杂波频率时，才可探测。这在图 6 - 22 中得到了证实，图中的相关表明目标只在其频率为正时才产生影响，而杂波平均频率总是为负。

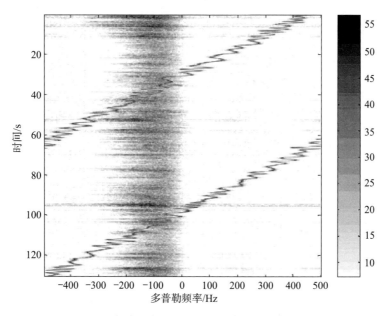

图 6 - 19　杂波只表现负多普勒频率的 IPIX 杂波文件

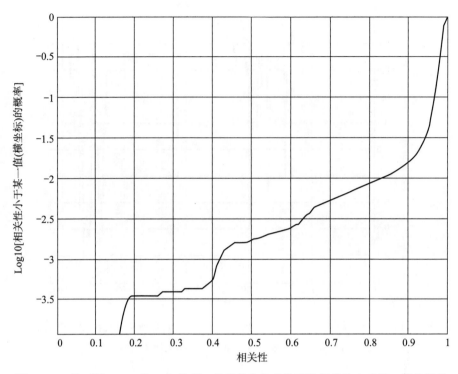

图 6 - 20　关于图 6 - 19 的 IPIX 数据，异常接收机的纯干扰相关性小于某一值的概率

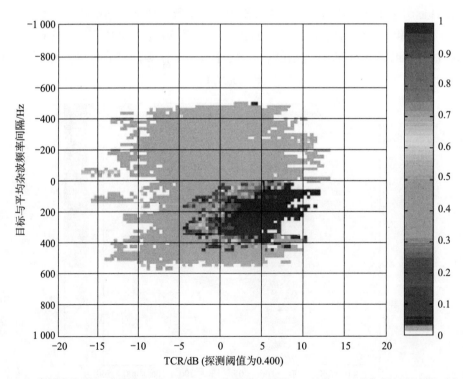

图 6 - 21　相关异常接收机对于图 6 - 19 所示杂波内模拟目标的 P_d 性能。只有在目标频率大于杂波频率时，才可探测目标影响。注意，实际上，在多普勒频谱上，频率间距超过 500 Hz 就会被误认为负频率

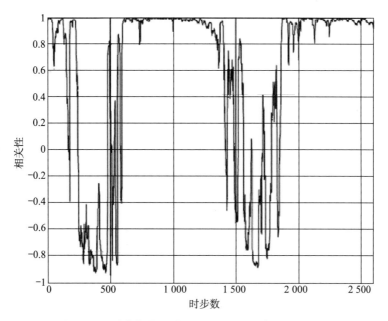

图 6-22 异常接收机关于图 6-19 所示数据的相关性

图 6-23 显示贝叶斯接收机 VV 极化探测性能。为了不产生可测虚警，参数要求为：帧大小 128，来回滑窗大小 33，目标惯性参数 3.0。图 6-24 为 HH 数据的 P_d 结果。为保持无可测虚警，帧大小为 128，来回滑窗增大到 53，目标惯性参数增大到 6.0。对于 HH 和 VV 数据，贝叶斯探测器在大部分目标频率条件下都能实现有效探测，但是，当目标和杂波频率重叠时，需要更大的目标干扰比。

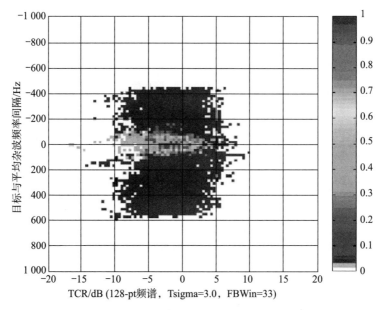

图 6-23 贝叶斯接收机关于 VV IPIX 数据（与图 6-19 所示的类似）的 P_d 性能。帧大小 128，来回滑窗大小 33，目标惯性参数 3.0。灰色像素表示探测机会至少为一次，但是 P_d 为零

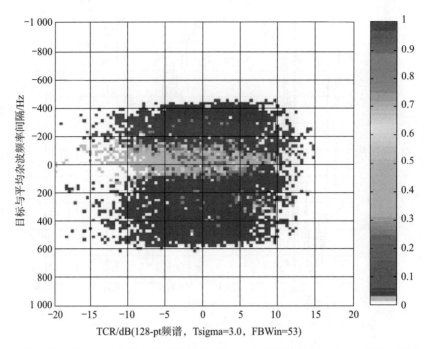

图 6-24　贝叶斯接收机关于 HH IPIX 数据（与图 6-19 所示的类似）的 P_d 性能。帧大小 128，
来回滑窗大小 53，目标惯性参数 6.0。灰色像素表示探测机会至少为一次，但是 P_d 为零

6.8　小结

本章论述了两种新的雷达探测方法：

1）基于贝叶斯体制的直接滤波算法；

2）基于随机微分方程（SDE）理论的相关异常探测算法。

另外，利用两个不同的数据集对这两种算法进行对比评估。这两个数据集都包含"合成"目标信号，以实现试验可控性。因为这两种算法本质上需要用到的数据量不同，所以不可能对它们进行完全相同条件下的比较，但是，这里还是尝试尽可能公平地比较。

比较结果大致如下：

1）运用 QinetiQ 数据，相关接收机关于杂波内目标的处理器输出如图 6-11 所示。与图 6-13 的贝叶斯接收机输出进行定性比较，可以发现，贝叶斯接收机使目标更为清晰可见。

2）采用注入模拟目标的真实 IPIX 杂波数据进行定量比较，具体如图 6-19 所示。相关接收机的探测性能如图 6-21 所示，贝叶斯接收机的探测性能如图 6-23 所示。图中，探测概率显示为目标杂波比（x 轴）与目标和平均杂波多普勒频率间距（y 轴）的函数。很明显，贝叶斯接收机的鲁棒性比相关异常接收机的高。剩下的问题是，为什么相关接收机对目标杂波多普勒频率间距敏感？这有待解释。

6.8.1 下一步研究

这里对贝叶斯接收机和相关异常接收机的描述，只集中于探测海杂波中的单个目标。然而，在典型雷达监测环境中，雷达需要探测多个目标。如何扩展这两种算法以处理多目标情况，有待进一步研究。

对于贝叶斯接收机，最后提出一点看法：在处理杂波内的未知目标时，可以通过在接收机的算法公式中加入用向量 θ_t 定义的可变比率状态、状态到达时间 τ_t（其中 t 与之前一样表示离散时间），来增强贝叶斯接收机的跟踪性能。向量 θ_t 运用位置、速度和加速度等变量来参数化目标状态。出于解析目的，可以假设可变比率状态服从马尔可夫（Markovian）模型，这样就能基于可变比率滤波器概念（见参考文献 [13] 和序贯蒙特卡罗方法相关文献），公式化名为可变比率贝叶斯接收机的新跟踪算法。近年来，在跟踪应用方面，普遍遇到一个问题，就是如何处理在真实环境中经常遇到的非线性和非高斯状态空间模型。

参 考 文 献

[1] Y. BAR - SHALOM AND A. JAFFER (1972). Adaptive nonlinear fi ltering for tracking with measurements of uncertain origin, in *Proceedings of the* 1972 *IEEE Conference on Decision and Control*, *New Orleans*, *LA*, *December* 1972, pp. 243 - 247.

[2] Y. BAR - SHALOM AND E. TSE (1975). Tracking in a cluttered environment with probabilistic data association. *Automatica* 11, 451 - 460.

[3] D. B. REID (1979). An algorithm for tracking multiple targets. *IEEE Trans*. AC - 24, 843 - 854.

[4] X. RONG LI (1998). Tracking in clutter with strongest neighbor measurements—part i: Theoreticalanalysis, *IEEE Trans. Automatic Control* 43, 1560 - 1568.

[5] M. G. S. BRUNO AND J. M. F. MOURA (2001). Multiframe detector/tracker: Optimal performance. *IEEE Trans. Aerosp. Electron. Syst*. 37, 925 - 944.

[6] S. HAYKIN, R. BAKKER, AND B. CURRIE (2002). Uncovering nonlinear dynamics: The case study of sea clutter, *Proc. IEEE* 90 (5), 860 - 881.

[7] R. BAKKER, B. CURRIE, T. KIRABARAJAN, AND S. HAYKIN. Adaptive radar detection: A Bayesian approach, EPSRC and IEE Workshop on Nonlinear and Non - Gaussian Signal Processing, Peebles, Scotland, July 8 - 12, 2002.

[8] R. BAKKER, G. LOPEZ - RISUENO, AND S. HAYKIN. Bayesian approach to the direct filtering of radar targets in clutter, August 2002 (Internal Report).

[9] T. FIELD. Diffusion processes in electromagnetic scattering generating K - distributed noise, EPSRC and IEE Workshop on Nonlinear and Non - Gaussian Signal Processing, Peebles, Scotland, July 8 - 12, 2002.

[10] T. R. FIELD AND R. J. A. TOUGH (2003). Diffusion processes in electromagnetic scattering generating K - distributed noise, *Proc. R. Soc*. London A459, 2169 - 2193.

[11] M. B. PRIESTLEY (1981). *Spectral Analysis and Time Series*. Academic Press, New York.

[12] B. CURRIE AND S. HAYKIN. Bayesian detector evaluation and comparison, Final Report, Adaptive Systems Laboratory, McMaster University, April 2004. (Report prepared for Defence Research and Development Canada - Ottawa, under Contract No. W7714 - 02683/001/SV.)

[13] S. J. GODSILL AND J. VERMAAC (2005). Variable rate particle fi lters for tracking applications. In *Proc. IEEE Statistical Signal Processing Workshop*, Bordeaux, France, 6 pages.

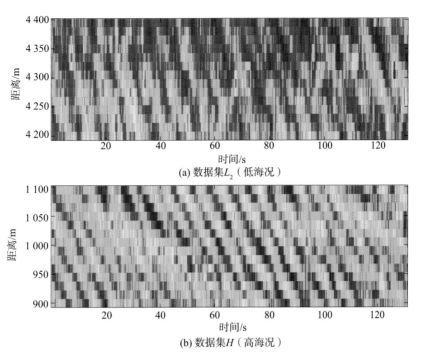

(a) 数据集L_2（低海况）

(b) 数据集H（高海况）

图 4-5　雷达回波关于时间和距离的函数图像，VV 极化方式

彩色轴表示 $\log(|\tilde{x}|)$，$\tilde{x}$ 为接收信号的复包络，采用归一化单位；

彩色轴从蓝（低）往绿（高）变化（P116）

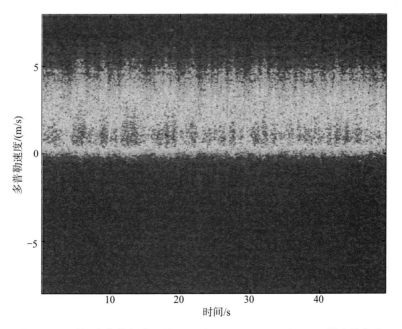

图 4-10　时间多普勒频谱，基于通过 Conte、Longo 和 Lops 提出的方法

综合得到的 50 s 数据（数据由渥太华 DRDC 的 Alan Thomson 提供）（P120）

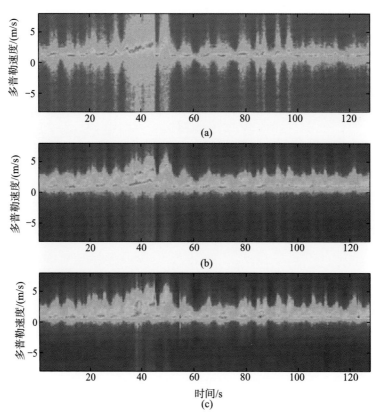

图 4 - 13　（a）、（b）、（c）分别为通过 1 阶、2 阶、3 阶滑动 AR 过程数据合成的时间多普勒频谱。三张
图的彩色轴限制一样。造成图（a）中背景颜色较浅的原因是滑动 AR（1）模型的残差较大（P123）

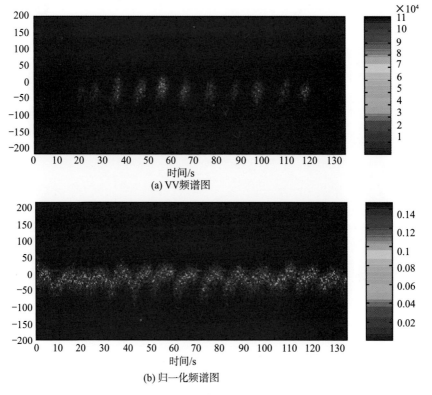

图 5 - 8　数据集：11 月 7 日的 Starea4，距离门 3（P146）